餐桌上的偽科學 系列

維他命D真相

THE VITAMIN D PARADOX

SURPRISING FACTS OF DIETARY SUPPLEMENTS

林慶順教授
Ching-Shwun Lin,PhD

著

一天一 D 顧健康＝悖論

「悖論」這個詞對大多數讀者而言可能是陌生的，但是其英文 paradox 則是人人能懂。說得更白點，悖論其實就是「悖逆現象」，意思就是，某一事件的發展，出現了與原先預期相違背的結果。例如 2016 年美國總統大選，所有民意調查都說希拉蕊會贏，但結果卻是川普勝出。

「維他命 D 悖論」的全名是「維他命 D 補充劑悖論」，也就是說，**會出現悖逆現象的是維他命 D 補充劑，而非來自食物或我們身體裡合成的維他命 D**。而所謂「維他命 D 補充劑」，指的是含有大劑量（幾百或幾千國際單位）維他命 D 的藥片、藥丸、膠囊或滴劑。

在 2007 年 11 月 12 日，英國骨科及維他命 D 研究權威羅傑・法蘭西斯（Roger Francis）醫師在骨科醫學期刊《風濕病學》（Rheumatology）發表了一篇編輯評論，標題是「維他命 D 悖論」[1]。他說，儘管維他命 D 被認為是對骨骼至關重要，但接二連三的臨床試驗卻一再顯示服用維他命 D 補充劑並不會降低骨折的風險。

隔年，美國骨科及維他命 D 研究權威約翰・艾羅亞（John Aloia）醫師在營養學期刊《美國臨床營養學雜誌》（American Journal of Clinical Nutrition）發表了一篇回顧論文，標題是「非洲裔美國人，25- 羥基維他命 D 和骨質疏鬆症：悖論」[2]。他說，非洲裔美國人血清維他命 D 的濃度大約只有白種美國人的一半，但是骨折發生率卻也只是白種美國人的一半。

除了這兩篇論文之外，還有數以百計的研究報告也指出，儘管許多專家和權威一再預言維他命 D 補充劑可以預防或治療各種疾病（如癌症、心臟病、糖尿病和自體免疫疾病等等），但是結果卻是一而再，再而三地讓人失望。

維他命，不是維你命

我的網站「科學的養生保健」成立於 2016 年 3 月 18 日，我寫的第一篇有關維他命的文章〈抗氧化劑能抗老抗病？〉則在同年 6 月 6 日發表。在這篇文章裡我說：「胡蘿蔔素（維他命 A 的前身），還有維他命 C 和維他命 E 都是抗氧化物，而有兩項大型臨床研究分別在 2007 年和 2012 年發現，服用胡蘿蔔素及維他命 E 的人死亡率會提升約 5%。」

我的第二篇有關維他命的文章〈抗氧化劑不可大量攝取〉是在兩天後發表。在這篇文章裡我說：「**植物性的抗氧化劑，不管是第一類的（如維他命），或第二類的（如番茄紅素），都是只有在小量攝取的情況下，才會帶給我們健康。如果大量地服用，不但沒有任何好處，還可能造成中毒。**」

我的第三篇有關維他命的文章〈維他命不是維你命〉是在四天後（6 月 12 日）發表。在這篇文章裡我說：「美國每年有六萬個維他命中毒的案例被報告到毒物控制中心」。我也提到長庚大學張淑卿主任所寫的〈專業知識、利益與維他命產業〉。在這

篇文章的最後，張主任說：「維他命……科學研究者利用它成就自己的研究，藥事人員與醫生藉它提高自己的專業地位，廣告業者利用它誘使消費者購買產品，藥廠因此建立豐厚的產業，消費者也藉由是否服用維他命來顯示對自身健康的掌握。」

　　我的第一篇維他命 D 系列文章〈維他命 D 這個怪咖〉在 2017 年 1 月 26 日發表。當時會發表這篇文章主要是因為維他命 D 實在是太奇怪了，不論是其發現過程、合成機制、生理作用，還是它到底是不是維他命等等，都是撲朔迷離，匪夷所思。所以，我當時就只是想把維他命 D 的離奇身世介紹給讀者。也因為如此，我在接下來的兩個禮拜裡又陸續發表了〈綿羊，紫外線，維他命 D〉、〈雞狗牛如何攝取維他命 D〉、〈維他命 D 是一種荷爾蒙〉，以及〈維他命 D，補還是不補〉。最後這一篇是在 2017 年 2 月 8 日發表的，而按照我當時的計劃，這就是系列文章的完結篇。但是，在那年 7 月初的一個同鄉聚會裡，我被「逼」得不得不再重披戰袍來捍衛維他命 D 的真相，尤其是，這個真相是攸關民眾健康安危。

　　在那個聚會裡，同鄉們七嘴八舌地在討論一個當時正在瘋

傳的影片。他們說有位台灣醫生在電視節目裡說維他命 D 不但可以預防癌症，還可以治療癌症。他們還特別強調這位醫生是專門研究維他命 D 的。所以，儘管沒有說出來，但他們的意思就等於是在說我反對補充維他命 D 的言論是不值得相信的。所以，就這樣，我不得不在 2017 年 7 月 7 日發表文章（本書 80頁），來駁斥那位台灣醫生的維他命 D 抗癌治癌論調。而自那天起一直到 2019 年年底，我已經又發表了約四十篇跟維他命 D 相關的文章。所以，這加起來總共約五十篇的文章，在經過一心文化的精心策劃、整理、調配及合成之後，就成了您手上拿著的這本書了。

荷爾蒙＝補充很危險

　　在那個被瘋傳的影片裡，那位台灣醫生說維他命 D 根本就不是維他命，而是荷爾蒙，所以需要補充。可是，他卻沒說為什麼荷爾蒙就需要補充。就算不是醫生的一般人，也應當有聽說過補充男性荷爾蒙會增加得攝護腺癌的風險和補充女性荷爾

蒙會增加得乳癌的風險。那，做為一位醫生，既然知道維他命D是非常類似男性荷爾蒙和女性荷爾蒙，為什麼還叫大家要補充維他命D？

　　事實上，在比那個影片還早半年的時候，我就已經發表了〈維他命D是一種荷爾蒙〉，而兩天後又發表了〈維他命D，補還是不補〉。在這兩篇文章裡，我有說維他命D是「類固醇荷爾蒙」，而所有的「類固醇荷爾蒙」都具有一個共同特性，那就是，它們都是既能載舟，也可覆舟。而也就因為如此，要使用「類固醇荷爾蒙」做治療或補充，都必須通過審慎的風險評估。例如男性荷爾蒙和女性荷爾蒙，都是需要醫師處方才可服用。可是，維他命D這個類固醇荷爾蒙，卻是隨時隨地都可以買得到，任何人都可以自由服用，縱然是當飯吃都不會有人管。結果呢，臨床試驗所顯示的是有益嗎？還是有害？

維他命D濃度偏低致癌？相關不等於因果

　　那位台灣醫生一再地說，因為癌症病患的維他命D濃度偏

低，所以補充維他命 D 就可以預防癌症，甚至可以治療癌症。可是，一般人（一樣，不用是醫生）也都應該知道「相關性」（兩者同時並存）並不等於「因果性」（前者造成後者）。事實上，**儘管已經研究了將近四十年了，直到目前為止，還沒有任何臨床證據顯示維他命 D 濃度偏低會造成癌症**，而癌症病患之所以會出現維他命 D 濃度偏低，其實有可能是因為：1.病患行動不便，所以無法到戶外曬太陽；2.病患胃口不好，或腸胃不適，所以無法有效率地從食物吸收維他命 D；3.病患肝臟或腎臟有問題，所以無法有效率地合成（轉化）維他命 D。

而且，縱然維他命 D 濃度偏低真的會造成癌症，也不見得就表示吃維他命 D 補充劑就能預防癌症或治療癌症。也就是說，這種想法頂多只是個「假設」或「理論」，而在這個理論還未獲得證實之前，就大肆鼓吹吃高劑量維他命 D 補充劑能防癌治癌，實在很不道德。光是不道德也還只是個人操守的問題，真正比較嚴重的是，**如果病患盲目相信吃維他命 D 補充劑就能改善病情，那就有可能會錯過治療的黃金時間，造成終身遺憾**。

維他命 D ＝打發病人真管用

有位讀者寄來電郵：「我是跨國小企業經營者，63 歲，女，肩負數十員工生計，貿易戰頻頻，工作常處高壓中，所以求助預防醫學診所，三個月抽血一次，由醫生開維他命補充營養素。D 及魚油，我已固定吃了三、四年。」

另一位朋友因為久咳不止去看醫生。醫生叫他去做維他命 D 血檢，然後說他維他命 D 過低，需要補充。還有幾位朋友因為常覺得累或是容易生病等等，醫生也是叫他們去量維他命 D，然後也說他們都是維他命 D 過低，需要補充。

那，請問這位跨國小企業經營者已經吃了三、四年的維他命 D，她的工作高壓問題有解決了嗎？我的朋友們也吃了維他命 D，那他們是不是就不再咳，不再覺得累，不再生病了？其實，說穿了，這套維他命 D 需要血檢、需要補充的行銷技倆，除了能讓診所和醫院賺進大錢之外，對這些庸醫而言，更是讓他們有機會展現醫術的極致。

一天一 D 滴到馬桶裡

最後，我想提一下「昂貴尿液」這個詞，台灣人可能覺得有點陌生，但是其英文 expensive urine 其實在西方世界家喻戶曉。更重要的是，這個詼諧的貶義詞被很多信譽卓著的醫生用來勸導民眾不要花錢買一大堆毫無用處的補充劑。除了本書 211 頁提到的三位醫生之外，還有許許多多醫生在自己的文章裡，或在對新聞媒體發表的意見裡提到「昂貴尿液」。所以，您應該不會怪我不夠厚道說什麼「一天一 D 滴到馬桶裡」吧。

這本書裡還有提到另一位醫生用「地球是圓的」及「太陽從東方升起」來強調維他命 D 補充劑之無用。這兩個定理雖然表面上沒有像「昂貴尿液」那樣來得諷刺，但它們所代表的意義卻是更深沉的悲哀。

難道說，您真的要「親眼」看到地球是圓的，才會相信地球是圓的？難道說，您真的要親眼看到東方，才會相信太陽是從東方升起？但願，您會在這本書裡親眼看到，一天一 D 是不會顧您的健康。

目　錄
contents

Part 1
維他命的起源與濫用

Part 2
維他命 D 抗癌，是思想大躍進

Part **3**
維他命 D 與其他疾病的關係

Part **4**
更多維他命補充劑真相

目錄
contents

Part 1
維他命的起源與濫用

十三種維他命被「發現」的百年歷史與補充劑濫用的危害

1-1

維他命簡史與分類

\#水溶性、脂溶性、壞血病、腳氣病、乾眼症

　　維他命，也叫做「維生素」，前者是 Vitamin 的音譯，後者則為其意譯（即「維持生命的元素」）。在台灣和香港較常用維他命，在中國大陸則幾乎只用維生素，谷歌翻譯也是翻譯成維生素。

定義與推理過程

　　根據許多不同版本的字典，維他命的定義是「食物中非常小量的有機成分，用以維持生長和健康」。**請讀者一定要記得這個定義裡的兩個關鍵詞，「食物」和「非常小量」。因為，我會**

根據「食物」這個關鍵詞在本書接下來的章節裡說明，為什麼維他命 D 不是「維他命」。我也會根據「非常小量」這個關鍵詞來說明，為什麼吃維他命補充劑是沒必要的，甚至是有害健康的。

在十九世紀中期，科學家們已經知道食物裡含有三大類的營養素，即碳水化合物、蛋白質和脂肪。可是，當他們把這三類營養素從牛奶裡萃取出來，餵給老鼠吃，老鼠卻無法正常生長，甚至無法存活。所以，科學家們就推理，除了碳水化合物、蛋白質和脂肪之外，牛奶裡一定還含有某些維持生命所必需的微量營養素。而就在探索這些微量營養素的過程裡，科學家們在二十世紀初期陸陸續續「推理出」（非發現）分別可以預防及治療乾眼症（Xerophthalmia）、腳氣病（Beri-Beri）和壞血病（Scurvy）的三種微量營養素。這三種微量營養素就是我們現在所熟知的維他命 A、B1 和 C。

請注意，許多網路文章或書籍會說某一維他命是某某人在某一年發現的，但事實上每一種維他命的發現都有其曲折迂

迴的過程，在不同的時段會有不同的科學家做出不同的貢獻。所以，有關「發現年」或「發現人」的記載，其實都不是精確的。例如維他命 D 的發現人，至少就有三個不同的版本：一是艾爾默・馬可倫（Elmer Verner McCollum），二是卡西米爾・芬克（Casimir Funk），三是阿道夫・溫道斯（Adolf Windaus）。所以，若硬要說出真正的「發現人」，是不可能也不公平的。

維他命的定名與分類

理想上，每一種維他命應當是根據發現的先後順序而命名為 A、B、C、D 等等。但是，由於每一種維他命的發現過程都是撲朔迷離且錯綜複雜，所以現有的維他命的種類與名稱實際上是非常混亂。

其中，大眾熟悉的 B 群更是荒唐至極，充滿嚴重誤導。這個所謂的 B 群，包括 B1、B2、B3、B5、B6、B7、B9 與 B12 等八種維他命，它們非但在化學結構上完全不同，連功能上也是毫不相干。B 群之所以被捆綁在一起，除了有利營養補充品廠商

行銷之外，可說毫無道理可言。

除了 B 群所包括的八種維他命之外，另外還有五種，分別是：A、C、D、E、K。從這十三種維他命的名稱，就可看出有兩個明顯的問題：一是 B 群維他命的序列裡缺了 B4、B8、B10 與 B11；二是維他命 A 到 K 的序列裡缺了 F、G、H、I、J。之所以如此，是因為在維他命研究的歷史過程中，原以為是新發現的維他命，後來被證實是早已存在或根本就不是維他命。例如維他命 G 是維他命 B2，維他命 H 是維他命 B7，而維他命 J 則被證實是維他命 B2。

至於所謂的維他命 F，雖然在醫學上沒有被正式接受，但在網路上卻是隨處可見。這些網路資訊大多是將維他命 F 視為「必需脂肪酸」（如 omega-3），因為脂肪酸（Fatty Acid）的第一個字母碰巧是 F。另外，讀者可能還聽過所謂的維他命 I，那是網路上戲稱的止痛藥「布洛芬」（Ibuprofen）。很多美國人習慣吃止痛藥，簡直到了沒吃就不能活的地步，所以把止痛藥說成是維持生命所必需的元素，雖是戲虐卻也令人感傷。

不管如何，關於維他命，一般人只需要記得兩點：一、**維他命共有十三種，分別是 A、C、D、E、K 及 B 群；二、這十三種維他命裡，A、D、E、和 K 是脂溶性，而 B 群和 C 則是水溶性**[1]。

科學家的維他命定名之爭

　　前面提到，在十九世紀中期至二十世紀初期，一群科學家陸陸續續發現食物中含有一些維持生命所必需的微量營養素。他們除了在實驗室努力尋找這些營養素的化學真相之外，也在文獻上極力爭取給這些營養素定名的機會。畢竟，一旦定名成功，自己就可青史留名。所以，可想而知，這個過程肯定不會是兄友弟恭，而是互不相讓。

　　但不管如何，讓人感到掃興的是，最後並沒有出現一位獨一無二的金牌得主，而是由三位科學家共同勝出，分別是卡西米爾・芬克、艾爾默・馬可倫和傑克・德羅蒙，他們的生平分別簡介如下：

1. 卡西米爾・芬克（Casimir Funk，原名 Kazimierz Funk，1884-1967）

芬克是在英國從事生化研究的波蘭人。他在 1912 年發表了一篇極具關鍵性的論文，標題是「缺乏性疾病的病因」[2]，指出有一些疾病屬於「缺乏性疾病」（Deficiency Diseases），例如腳氣病（Beri-Beri）、壞血病（Scurvy）、糙皮病（Pellagra）以及佝僂病（Rickets），而這些病可以用一些特定的有機物質來預防及治療。由於這些物質攸關生命（Vita），而根據他的研究，這些物質是屬於胺類（amine），所以他建議將此類物質統稱為Vitamine。至於個別的物質，他就根據其相關疾病而稱之為 Beri-Beri Vitamine（現在的維他命 B1）、Scurvy Vitamine（現在的維他命 C），以及其他尚未有疾病關聯性的 XXX Vitamine。

2. 艾爾默・馬可倫（Elmer Verner McCollum，1879 － 1967）

馬可倫可以說是有史以來維他命研究領域裡最重要的人物（至少是其中之一）。他先是在威斯康辛大學當教授做研究，後來轉到約翰霍普金斯繼續從事教學及研究。在許多文獻裡，他被冠予維他命 A 及維他命 D 雙項發現者的頭銜。他對芬克所提

的命名法極力反對，可以說是到了水火不容的地步。

在他和研究生科內拉・甘迺迪（Cornella Kennedy）1916 年所發表的論文，標題是「產生多發性神經炎的飲食因素」[3] 中提到，Vita（生命）這個字除了過度強調此類物質的重要性之外，也顯得過度浮華，不符合科學研究應當遵守的保守特質。

他又說，根據當時大多數人所做的研究，沒有證據顯示此類物質是「胺」（amine）。所以他建議停止使用 Vitamine 這個詞，改用 Fat-soluble A（現在的 Vitamin A）及 Water-soluble B（現在的 Vitamin B1）的命名法。他進一步解釋說，「脂溶性」（Fat-soluble）及「水溶性」（Water-soluble）是當時唯一可以區分此類物質的特性，而英文字母的使用可以讓未來新發現的此類物質繼續加入家族行列。

3. 傑克・賽西爾・德羅蒙（Jack Cecil Drummond）

德羅蒙是英國的生化學家，在研究領域裡成就平平，但卻有很好的社交及整合能力。他為了要解決芬克及馬可倫之間的爭議，提出了一個折衷的辦法，即在 1920 年發表的論文[4] 裡建

議將 Vitamine 具有化學特性的「胺」字尾（-ine）改成中性的「素」字尾（-in）。如此，Vitamine 就改成 Vitamin。然後，他採用馬可倫的建議，在 Vitamin 之後用英文字母來表示不同維他命的發現順序。如此，這類物質就叫做 Vitamin A、B、C 等等。所以說，Vitamin 這個字不但是兼顧到芬克及馬可倫兩個人原先的命名法，而且也比 Vitamine 來得精確，又比 Fat-soluble 或 Water-soluble 來得琅琅上口。

　　Vitamin 這個字在當時很快就被大多數學者接受。就連原先極力反對用 Vitamine 這個字的馬可倫也在兩年後的論文裡（1922 年）採用了 Vitamin。芬克比較頑固，在 1926 年發表的論文裡都還繼續用 Vitamine 這個字，直到 1936 年在他發表的書裡，才首度使用 Vitamin 這個字。有關卡西米爾・芬克的生平，百科全書網站 Encyclopedia.com 裡有一段很重要的敘述，翻譯如下：

　　芬克的發現引起一陣維他命熱潮，但是很多人卻忽略了芬克的觀察，即只需要少量的維他命就可維持健康。營養補充劑被說成可以治療疾病，而維他命製造商聲稱合成的維他命可以增進

能量和健康。消費者開始攝取大量的維他命,儘管少量的維他命就已足夠,而過多的維他命(如 A 和 D)反而對身體有毒。

補充:本篇參考資料,請見附錄[5]。

 林教授的科學養生筆記

· 維他命共有十三種,分別是 A、C、D、E、K 及 B 群,其中 A、D、E、和 K 是脂溶性,B 群和 C 則是水溶性

· 所謂的 B 群,包括 B1、B2、B3、B5、B6、B7、B9 與 B12 等八種維他命,它們非但在化學結構上完全不同,連功能上也是毫不相干

· 少量的維他命已經足夠,過多的維他命(如 A 和 D)反而對身體有毒

維他命 D 的離奇身世

#佝僂病、魚肝油、腳氣病

常常有讀者寫信或當面問我，要不要補充維他命 D？我都只能回答「視情況而定」。因為在所有維他命裡，甚至所有營養元素裡，最奇特的莫過於維他命 D 了。而且，它的奇怪是多方面的。

維他命 D 這個怪咖

首先，維他命 D 根本就不是維他命。根據許多不同版本的字典，維他命的定義是：「食物中非常小量的有機成分，用以維持生長和健康。」也就是說，維他命是來自食物。但是，維他

命 D 是來自食物嗎？

　　在十八到二十世紀初期的歐洲（尤其是北歐），佝僂病（骨骼發育不良）是一個很普遍的疾病。所以，在 1919 年，英國醫生愛德華‧梅蘭比（Edward Mellanby）就想試試，魚肝油是不是可以治療佝僂病。梅蘭比之所以會有這個想法，是因為他得知美國的生化學家馬可倫，才剛發現魚肝油可以治療乾眼症。而且，馬可倫還把魚肝油裡的有效元素命名為維他命 A（也就是第一個被發現的維他命）。

　　梅蘭比的試驗，是讓剛出生的小狗只吃麵包和低脂牛奶，如此一來，小狗就會患上佝僂病，之後再讓小狗吃魚肝油，佝僂病就治好了。所以，他發表論文說：「佝僂病是因為缺乏維他命 A 或一個未知的因子而引起的。」

　　那要如何才能知道，到底是維他命 A 或是另一個因子呢？為了要回答這個問題，美國的馬可倫做了另一個實驗。他先用高溫及氧氣破壞魚肝油裡的維他命 A，使其不再能治療乾眼症。可是，這種失去維他命 A 的魚肝油，卻還是可以治療佝僂病。因此，他就把這個能治療佝僂病的元素命名為維他命 D（當時

已經有維他命 A、B 和 C）。

於此同時，分別在英國、奧地利及美國有三個研究團隊都發現，患佝僂病的小孩只要曬太陽或接受紫外線照射，就會好起來。所以，魚肝油裡的維他命 D，跟陽光裡的紫外線，到底是什麼關係？

在 1937 年，德國的化學家溫道斯（Adolf Windaus），發現動物的皮膚裡有「7- 脫氫膽固醇」（7-dehydrocholesterol）。而陽光裡的紫外線照射到我們的皮膚時，就會把 7- 脫氫膽固醇轉化成維他命 D。順帶一提，溫道斯獲頒 1928 年諾貝爾化學獎。他的學生布天南德（Adolf Butenandt）則獲頒 1939 年諾貝爾化學獎。

所以，**我們只需要每天曬個十幾分鐘的太陽，就不會缺乏維他命 D**。而魚肝油裡的維他命 D，事實上，也一樣是源自於陽光。因為維他命 D 是源自於陽光，而不是食物，所以它不是維他命。但是，維他命 D 是不是維他命，並不重要。**真正重要的是，既然曬太陽就能得到充分的維他命 D，那我們還需要吃維他命 D 補充劑嗎？這是一個醫學界吵吵鬧鬧，吵了五十年還吵不出個結果的議題。**還有，既然維他命 D 不是維他命，那到

底是什麼呢？還有，大多數動物，像貓、狗、牛等等，牠們的皮膚是被毛髮覆蓋的（陽光照射不到），那，牠們到底是怎麼獲得維他命 D ？這些有關維他命 D 的問題非常有趣，而其答案也可幫助讀者決定是否需要補充維他命 D，這在後面文章會陸續討論到。

補充維他命 D ？用紫外線照食物即可

我之所以會把維他命 D 叫做怪咖，主要有三個原因：第一、它根本就不是維他命，而是荷爾蒙。第二、它的終極來源根本就不是食物，而是陽光裡的紫外線。第三、紫外線和維他命 D 之間的關係，有一段離奇的研發過程。有關這三點，我雖然在前面有稍作解釋，但其實這段情節是值得拍電影的。

在 1922 年，美國生化學家馬可倫發現魚肝油裡含有一種可以治療佝僂病的元素，所以他就把這個元素命名為維他命 D。可是，早在 1890 年，英國傳教士特奧巴德・巴姆（Theobald

Palm）就已經發現，小孩子只要曬太陽就不會得佝僂病，而患佝僂病的小孩只要曬太陽，就會好起來。在 1919 年，波蘭裔的德國小兒科醫生庫爾德・胡爾德辛斯基（Kurt Huldschinsky）更進一步發現，用紫外線照射患佝僂病的小孩，就可以把他們治好。

馬可倫發現魚肝油可以治療佝僂病，是用老鼠實驗模型做出來的，而這種老鼠就是用缺乏維他命 D 的飼料（當時並不知道）餵養而製作出來的。所以，好幾位科學家為了要了解陽光和紫外線是如何能防止和治療佝僂病，也在 1920 年那段時間開始用這種老鼠模型來做實驗，而理所當然，他們都是將紫外線照射到患有佝僂病的老鼠身上。

可是，怪事發生了。奧地利科學家艾蓮納・胡莫（Eleanor Hume）和漢納・史密斯（Hannah Smith）發現，並不需要用紫外線照射患有佝僂病的老鼠，只要把這些老鼠放進用紫外線照過的罐子裡，就可以把佝僂病治癒。所以，兩人的結論是，紫外線照射過的空氣可以治癒佝僂病。附帶一提，儘管現在已經無法追溯當時所做的實驗，但幾乎可以肯定的是，並非空氣，

而是罐子裡的飼料、木屑、糞便或某些不明物質，被紫外線照射後產生了當時尚不為人知的維他命 D。

在 1923 年，另一怪事又發生了。馬可倫的學生，史丁博克（Harry Steenbock）和同事發現，患佝僂病的老鼠既不用自身被照射紫外線，也無需被放進紫外線照射過的籠子裡，而是只要將牠們和照射過紫外線的老鼠養在同一個籠子裡，病就會好。所以，他們的結論是，紫外線照射過的老鼠所排出的糞便可能含有可以治癒佝僂病的物質（即他當時不知道的維他命 D）。

史丁博克接下來又做了另一個實驗。他用紫外線照射用來製作佝僂病老鼠模型的飼料（即缺乏維他命 D 的飼料），結果這種原本會造成佝僂病的飼料，竟然變成可以治療佝僂病的飼料。而後續的實驗也發現，棉籽油、亞麻籽油、小麥胚芽和生菜，都可以在被紫外線照射過後，成為可以治療佝僂病的食物。

儘管史丁博克當時並不知道紫外線的功能是將飼料（食物）裡的某些脂質轉化為維他命 D，但是他已經有先見之明，立刻將此一發現申請成專利。儘管此一專利如今早已失效，但

直至今日，此一發明還是繼續深刻地影響全人類每天的生活。簡單地說，我們每天吃的食物裡有很多是含有用紫外線照射而產生的維他命 D，例如牛奶、果汁和早餐穀物片（breakfast cereal）等等。還有，很多人常吃的維他命 D 補充劑也是用紫外線製作出來的。

 林教授的科學養生筆記

· 因為維他命 D 是源自於陽光，而不是食物，所以它不是維他命

· 我們只需要每天曬個十幾分鐘的太陽，就不會缺乏維他命 D

· 每天吃的食物裡有很多是含有用紫外線照射而產生的維他命 D，
  例如牛奶、果汁、早餐穀物片。維他命 D 補充劑也是用紫外線
  製作出來的

1-3

維他命 D，爭議最大的「維他命」

魚肝油、類固醇荷爾蒙、骨折

　　接續前篇，在 1920 年代，馬可倫等科學家發現魚肝油可以治療「佝僂病」，並把魚肝油裡的有效元素命名為維他命 D。這個發現很了不起，但這個命名，卻為後來有關維他命 D 的應用與研究種下禍根。（編按：本篇也收錄在《餐桌上的偽科學》）

維他命 D 其實是類固醇荷爾蒙

　　事實上，維他命 D 不是維他命，而是一種荷爾蒙。它之所以被誤會成維他命，是因為它最初是在魚肝油裡被發現的。可是後來研究證明，我們人類只要曬太陽，就能獲得維他命 D。

所以，既然維他命 D 不是源自於食物，它就不應當被歸類為維他命。更重要的是，不論是在分子結構或是生理作用上，維他命 D 的正確分類都應當是屬於「類固醇荷爾蒙」。

在人體裡自然合成的類固醇荷爾蒙大約有十種，而一般人最常聽到的，應該是男性荷爾蒙（睪固酮）和女性荷爾蒙（雌激素）。顧名思義，「類固醇」就是「類似固醇」，它們之所以會「類似固醇」，是因為分子結構都類似固醇。

固醇在我們身體裡，通過不同的生化反應後，會轉化成十幾種不同的類固醇荷爾蒙。譬如維他命 D 是從皮膚裡的「7- 脫氫膽固醇」，經由陽光裡的紫外線照射轉化而成的。類固醇的生理作用主要是由細胞裡的「類固醇受體」來媒介。每一種類固醇都有自己特定的「類固醇受體」，譬如男性荷爾蒙受體、女性荷爾蒙受體、維他命 D 受體等等。

維他命 D，補還不補？

所有的「類固醇荷爾蒙」都具有一個共同特性，那就是它

們都是既能載舟，也可覆舟。也因為如此，要使用「類固醇荷爾蒙」做治療或補充，都必須通過審慎的風險評估。譬如，不論是男性荷爾蒙還是女性荷爾蒙，都需要醫師處方才能服用。可是，因為維他命 D 被定位為維他命，所以到處買得到，任何人都可以自由服用。

同樣地，由於大多數的研究把維他命 D 看待為營養品，所以它們的實驗結果不但正反兩面都有，而且往往互相抵觸。男性荷爾蒙或女性荷爾蒙在我們身體裡的量會高低起伏，是正常現象。但很奇怪地，為什麼同樣是「類固醇荷爾蒙」的維他命 D，就被認為需要維持在一個理想水平？想想看，如果把男性荷爾蒙或女性荷爾蒙視為營養品，從而建議人們需要把它維持在一個理想水平，那後果將會是如何不堪設想？

由於醫學界到現在還是甩不掉「維他命 D 是營養素」這個舊思維，所以五、六十年來投入了龐大的資金和人力後，還是搞不清楚到底要補還是不補。姑且不談什麼糖尿病和癌症等等非骨骼方面的研究，畢竟，維他命 D 在非骨骼方面的作用，本來就是一直搞不清楚。縱然是在骨骼方面的研究，維他命 D 到

底是好還是壞，也一樣沒有定論。例如，一篇 2010 年發表在《JAMA：美國醫學會期刊》的研究指出，高劑量的維他命 D 會增加骨折的風險 [1]。但另外也有研究指出，維他命 D 不會減少骨折的風險 [2]。關於高劑量維他命 D 會增加骨折的疑慮，可以翻閱本書 132 頁。

想要撥雲見日的當務之急就是，徹底接受「維他命 D 是荷爾蒙，而不是維他命」，此一事實。**就像男性荷爾蒙或女性荷爾蒙一樣，維他命 D 在發育期間，真的是必須得到充足的攝取。但一旦過了發育期（或停經期），就應當讓這些「類固醇荷爾蒙」順其自然地起伏。**

所謂順其自然，就是曬曬太陽，均衡飲食，無需刻意補充。要知道我們平常購買的食品裡已經有添加維他命 D（牛奶、果汁、早餐穀物片等等）。所以，除非是貧困地區的人，否則發生維他命 D 不足的現象是不太可能的。而且**從飲食中攝取維他命 D，有可能會因為過量而造成中毒（添加維他命 D 曾造成廣泛的中毒，大多數歐洲國家禁止在牛奶裡添加維他命 D）[3]。但**

曬太陽攝取的維他命 D，則不可能會過量。因為這條路線裡設有安全控制，過多的維他命 D 會被陽光分解[4]。

維他命 D 可以載舟，亦能覆舟

每一種類固醇和它特定的類固醇受體在細胞裡結合後，會進入細胞核，然後再與特定的基因結合，從而激活該基因。雖然維他命 D 最為人熟知的功能是促進骨骼發育，但事實上，維他命 D 受體存在於我們全身上下。也就是說，維他命 D 會作用在身體的各個部位，包括骨骼、心、腦、肝、腎、肺、胃、腸等等。所以，維他命 D 對健康的重要性，被認為是全面性而不可或缺的。但事實上，有「維他命 D 受體」並不表示維他命 D 就會帶給你好處。舉個例子，裸鼴鼠的腸子和腎臟有維他命 D 受體[5]。但是裸鼴鼠不但不需要維他命 D，而且還會因為被餵食維他命 D 而死翹翹[6]。

就人類而言，醫學界也都知道所有的類固醇都是既能載舟，也可覆舟。譬如，缺乏女性荷爾蒙會導致骨質疏鬆，但女

性荷爾蒙也會誘發乳癌。大家也都聽過運動員因為服用男性荷爾蒙而被禁賽。男性荷爾蒙會促進生長的，不只是肌肉，而是還有攝護腺癌。同樣地，維他命 D 是維持健康所必需的，但它也會造成許許多多毛病，包括器官鈣化、心臟病及腎臟病等等。

額外補充荷爾蒙須付出代價

那我們到底該怎麼辦，才不會被「覆舟」呢？讀者應該知道男性荷爾蒙在三、四十歲之後就開始走下坡，女性荷爾蒙在停經期也會突然減少。也就是說，荷爾蒙的高低起伏是自然現象，只能怪歲月不饒人。

如果你不認老，想補充這些荷爾蒙，可能要付出很高的代價，包括得癌症，甚至賠上性命。那維他命 D 是否也是歲月不饒人？的確如此。隨著年紀增長，我們皮膚裡的 7- 脫氫膽固醇會減少。所以，在接受同樣陽光照射的條件下，老年人所能獲得的維他命 D 是遠不如年輕人。

那我們是否需要用吃的來彌補這歲月流失的維他命 D ？這

個議題，在醫學界已經吵了五十多年，還是吵不出個結論。為什麼？因為很不幸地，絕大多數的「專家」一直把維他命 D 當成是維他命。如果他們能從荷爾蒙的角度來探討，那情況可能就不會如此複雜。

總之，在這五十多年來，花了成千上億的研究經費，做了數百個臨床試驗，最後的結論是，「佝僂病」是維他命 D 補充劑唯一被證實有預防或治療效果的疾病。

 林教授的科學養生筆記

· 所有的類固醇荷爾蒙都是既能載舟，也可覆舟。缺乏女性荷爾蒙會導致骨質疏鬆，但女性荷爾蒙也會誘發乳癌。男性荷爾蒙會促進生長的，不只是肌肉，還有攝護腺癌。維他命 D 是維持健康所必需的，但它也會造成器官鈣化、心臟病及腎臟病

· 吃補充劑來攝取維他命 D，有可能會因為過量而造成中毒，但曬太陽攝取維他命 D，則不可能會過量

· 目前，只有佝僂病是維他命 D 補充劑唯一被證實有預防或治療效果的疾病

1-4

動物攝取維他命 D 的途徑

＃綿羊、老鼠、飼料、牛奶、紫外線

　　前面提到，馬可倫發現魚肝油裡含有某種元素可以治療佝僂病，他把這個元素命名為維他命 D。可是，魚肝油並非我們餐桌上的食物，真正平常吃的食物裡，很少是含有維他命 D 的。鮭魚的含量最高，蛋黃裡也有一點，大概也就是如此，所以光靠吃天然的食物，並無法攝取足夠的維他命 D。這也是為什麼，維他命 D 不應當被歸類為維他命的原因之一。**要獲得充足的維他命 D，最好最保險的方法，就是曬太陽。**

　　當陽光裡的紫外線照射到我們的皮膚，就會將皮膚裡的 7-脫氫膽固醇轉化成維他命 D。事實上，**紫外線不僅可以促進我們身體裡維他命 D 的合成，它也可以提高食物中維他命 D 的含量。**

《美國飲食指南》含維他命 D 食物排行

品名	份量	維他命 D 含量，微克（μg）
紅鮭魚（Salmon, sockeye，罐裝）	85g	17.9
彩虹鱒魚（Trout, rainbow，煮熟，養殖）	85g	16.2
大鱗鮭魚（Salmon, chinook，煙燻）	85g	14.5
旗魚（Swordfish，煮熟）	85g	14.1
鱘魚（Sturgeon，多品種，煙燻）	85g	13.7
粉紅鮭魚（Salmon, pink，罐裝）	85g	12.1
鱈魚肝魚油（Fish oil, cod liver）	1 茶匙	11.3
白鮭（Cisco，煙燻）	85g	11.3
粉紅鮭魚（Salmon, pink，煮熟）	85g	11.1
紅鮭魚（Salmon, sockeye，煮熟）	85g	11.1
鱘魚（Sturgeon，多品種，煮熟）	85g	11.0
白鮭（Whitefish，多品種，煙燻）	85g	10.9
太平洋竹莢魚（Mackerel, Pacific and jack，煮熟）	85g	9.7
銀鮭（Salmon, coho，野生，煮熟）	85g	9.6
洋菇（Mushrooms, portabella，紫外線照射，烤製）	0.5 杯	7.9
白肉鮪魚（Tuna, light，油浸罐裝，去油）	85g	5.7
大比目魚（Halibut, Atlantic and Pacific，煮熟）	85g	4.9
大西洋鯡（Herring, Atlantic，煮熟）	85g	4.6
沙丁魚（Sardine，油浸罐裝，去油）	85g	4.1
太平洋岩魚（Rockfish, Pacific，多種類，煮熟）	85g	3.9
全脂牛奶（Whole milk）＊	1 杯	3.2
全脂巧克力奶（Whole chocolate milk）＊	1 杯	3.2
吳郭魚（Tilapia，煮熟）	85g	3.1

比目魚（Flatfish, flounder and sole，煮熟）	85g	3.0
低脂巧克力奶（Reduced fat chocolate milk (2%)）＊	1 杯	3.0
優格（Yogurt，各品牌和口味）＊	227g	2.0-3.0
脫脂牛奶（Milk, non-fat）＊	1 杯	2.9
豆漿（Soymilk）＊	1 杯	2.9
強化即食穀物脆片（Fortified ready-to-eat cereals）＊	0.33-1.25 杯	0.2-2.5
強化柳橙汁（Orange juice, fortified）＊	1 杯	2.5
杏仁奶（Almond milk）＊	1 杯	2.4
米漿（rice drink）＊	1 杯	2.4
豬肉（Pork，各部位，煮熟）	85g	0.2-2.2
蘑菇，羊肚菌（Mushrooms, morel，生食）	半杯	1.7
人造奶油（Margarine）＊	1 茶匙	1.5
蘑菇，雞油菌（Mushrooms, Chanterelle，生食）	半杯	1.4
全熟水煮蛋（Egg, hard-boiled）	一大個	1.1

1. 一微克（μg，microgram，百萬分之一克）維他命 D 約等同 40 國際單位（IU，International Unit）。
2. ＊經維他命 D 強化步驟
3. 資料來源：https://health.gov/dietaryguidelines/2015/guidelines/appendix-12/

食物經過紫外線照射，就會含有維他命 D

前面提過，在 1923 年，馬可倫的學生哈利・史丁博克（Harry Steenbock），做了一系列的實驗。他最後證實，並不需

要直接將紫外線照射到老鼠，就可治癒牠們的佝僂病——只要用紫外線照射老鼠的飼料，老鼠就不會得佝僂病。

也就是說，史丁博克發現，食物經過紫外線照射，就會含有維他命 D。於是，他自己花了三百美金申請並獲得這一發明的專利。這項專利的有效期是到 1945 年，而到了這一年，由於紫外線的應用（照射牛奶），牛奶變成含有維他命 D，而佝僂病也就從此在地球上消失。縱然是現在，絕大部分市面上的維他命 D 補充劑，也是拜賜於這項發明。

製作維他命 D 補充劑最普遍的方法，就是先從綿羊毛提取綿羊油，分離出綿羊油裡的膽固醇，再用化學反應將膽固醇轉化成 7- 脫氫膽固醇，然後用紫外線照射，將 7- 脫氫膽固醇轉化成維他命 D。

所以，如果你曾受益於維他命 D 補充劑（譬如加在果汁裡的），你就應當感謝史丁博克的這項發明。更令人敬佩的是，史丁博克從一開始就將專利轉讓給他的母校威斯康辛大學，學校因此賺進了超過一億美金。威斯康辛大學為感念史丁博克的貢獻，還設立了史丁博克圖書館。

雞狗牛如何攝取維他命 D？

行文至此，讀者應該已經瞭解佝僂病的發生，是因為缺乏維他命 D。維他命 D 對骨骼的發育至關重要，所以幾乎所有的脊椎動物，都不能沒有它。但是，為什麼說「幾乎」呢？因為，陽光是維他命 D 最主要的來源，可有些脊椎動物一輩子生活在沒有陽光的環境裡，譬如裸鼴鼠不但不需要維他命 D，而且還會因為被餵食維他命 D 而死翹翹。

當然，像裸鼴鼠這樣的情況是屬於極端的例外。絕大多數的脊椎動物，譬如常見的雞貓狗牛馬都需要維他命 D。只不過，這些動物的皮膚被毛髮覆蓋，那牠們如何能靠曬太陽獲得維他命 D 呢？前面有提到，只要用紫外線照射老鼠的飼料，老鼠就不會得佝僂病。而現在市面上的維他命 D 補充劑，絕大部分都是源自於綿羊毛裡的油脂，其製作過程也是靠紫外線照射。有一篇 2010 年發表的研究更進一步發現，乳牛全身的表面，不管有沒有毛髮覆蓋，都可以經由陽光照射而製造維他命 D。也就是說，並不是只有裸露的（無毛的）皮膚才會製造維他

命 D。

　很顯然地，動物皮毛裡的油脂，被陽光裡的紫外線照射後，就可以轉化成維他命 D。有養寵物的讀者應該都會發現貓和狗常會舔自己的毛，這也就是牠們攝取維他命 D 的途徑之一。但是，維他命 D 不一定是要用吃的（或舔的），才能被攝取。早在 1927 年，就有研究證明，維他命 D 可以經由皮膚吸收而進入血液循環。所以，像牛馬羊等不是以舔毛見稱的動物，在牠們皮毛上合成的維他命 D，會經由皮膚吸收而進入血液循環。

　以上提到的動物都是哺乳類，所以牠們攝取維他命 D 的途徑也就大同小異。那鳥類呢？鳥類的屁股有一個油腺體（oil gland），那就是牠們維他命 D 的源頭。油腺體的別名是梳毛腺體（preen gland）。顧名思義，鳥類在梳理羽毛時，會將油腺體分泌出的油脂，塗抹在羽毛上。如此，羽毛不但會有光澤，而且油脂經陽光照射後，也會轉化成維他命 D。

　所以，不論是鳥類還是哺乳類的皮毛都含有大量的維他命 D，這不只對動物自身重要，對吃牠們的動物也至關重要。怎麼

說？因為，動物園裡年幼的肉食獸，如果只吃肉就會發生佝僂病，但吃帶皮毛的肉則不會。還有，獵鷹在捕獲獵物後，一定會將獵物的羽毛，餵給自己的雛鷹吃。如此，雛鷹的骨骼才能發育健全。

所以，凡是生長在陽光底下的脊椎動物，都可經由曬太陽來攝取維他命 D。但是，如果是生長在沒有陽光的地方，那就需要用吃的（裸鼴鼠是例外）。而這些動物的故事，又與人有啥關係？請繼續往下看。

維他命 D 中毒，狗飼料召回

2018 年 12 月 4 號，全美國的各大媒體都在報導一則狗飼料召回的新聞。原因是，美國食品藥物管理局（FDA）在前一天發布一份警訊，說至少有八個品牌的狗飼料含有足以中毒，甚至致命的維他命 D 劑量[1]。

FDA 還說，此事件尚在調查中，所以未來還有可能召回更多品牌的狗飼料。而也因為尚在調查中，FDA 並沒有釋出事件

細節。目前已知的是，該機構先是收到獸醫師和業主的投訴，然後分析數個品牌的狗飼料，才發現其中有八個品牌含有過高劑量的維他命 D。而過量的維他命 D 會導致嘔吐、食慾不振、口渴、排尿增加、過度流口水、體重減輕、腎衰竭和死亡。

我在 2019 年 3 月 9 日發表文章，敘述人的維他命 D 中毒案例和症狀（本書 93 頁）。其實，狗跟人一樣，只要曬太陽就可以攝取到足夠的維他命 D。我希望讀者記得這兩句話：「很顯然地，動物皮毛裡的油脂，被陽光裡的紫外線照射後，就可以轉化成維他命 D。大家都知道，貓和狗常會舔自己的毛，這就是牠們攝取維他命 D 的途徑之一」。

貓狗可從陽光攝取維他命 D 的證據

上一段文章發表後不久，台大獸醫系的葉教授來信詢問，並附上兩個文章連結，他問：「過去我都以為貓狗吸收維他命 D 大多經由食物。但今天才看到舔毛以及在毛髮中進行的反應這回事，您確定曬太陽獲得的維他命 D 對牠們來說，跟人類一樣

重要嗎？」

　　葉教授附上的兩篇文章，是分別在講狗和貓無法通過曬太陽來攝取維他命 D[2]。這當然與我的說法相左，所以特此解釋如下。我的說法是根據數篇科學論文、數篇網路文章和一本萊斯大學（Rice University）發行的書。網路文章有好幾篇，例如這篇「我們的寵物也需要維他命 D ！」[3]，其中一段是「貓和狗可以自然從紫外線 UVB 中獲取維他命 D。貓狗不像人類和爬蟲類可以在皮膚中製造維他命。當 UVB 紫外線照射到動物的皮毛，皮毛中的油脂會觸發維他命 D 產生。貓狗舔或梳理表皮時會獲得維他命 D。」，科學論文也有好幾篇，其中三篇的標題和重點列舉如下：

　　一、1983 年論文，標題是「皮脂分泌與皮脂腺脂類」[4]，重點：「有毛皮覆蓋的哺乳類動物的皮脂有一個重要功能就是產生 7- 脫氫膽固醇，這個功能是為了將陽光轉換為可以透過梳理自身毛髮時攝入的維他命 D。」

　　二、1991 年論文標題是「剛離乳小狗的膳食維他命 D 需求觀察」[5]，其摘要的最後一句：「數據顯示，為了改善佝僂病、

NSH 或其他骨質疾病而在市售狗糧添加維他命 D 的概念，並無必要」

三、2014 年論文，標題是「維他命 D 的發現歷史和其活性代謝產物」[6]，文中提到，在 1919 年，英國醫生愛德華·梅蘭比用狗來做佝僂病的模型，而建立此一模型的條件之一，就是沒有讓狗曬到太陽（儘管梅蘭比當時並不知道缺乏日曬與佝僂病有關）。

萊斯大學的那本書是 1939 年發行，書名是「人類營養中的維他命」（Vitamins in human nutrition，Chandler 教授的演講系列）。第六章的標題是「維他命 D，陽光維他命與其他脂溶性維他命」[7]，其中寫到「動物大部分獲得維他命的管道是透過舔毛。貓咪透過舔毛獲得的維他命 D 和洗澡一樣多」。

葉教授寄來的那兩篇文章並沒有提供確切的參考資料。不過，經過我自己的搜索，發現它們的說法是根據一篇 1994 年發表的論文，標題是「貓狗的膳食維他命 D 依賴量是因為皮膚合成的維他命 D 不足」[8]。這篇論文也被絕大多數的相關科學論文

引用，做為主張貓和狗無法透過曬太陽來攝取維他命D的根據。

　　但儘管如此，這篇論文的數據並不是用活的貓或狗做實驗取得的，而是用貓和狗的皮（皮的萃取物）做實驗取得的。這就奇怪了，太陽曬到的明明是貓和狗的毛（不是皮），為什麼這篇論文卻用皮來做實驗呢？這樣的實驗有實質的意義嗎？反過來，我上面列舉的那篇 1991 年發表的論文，是用活生生的狗來做實驗的（飼料裡有無添加維他命 D），但不幸的，它卻完全被「主流」忽視。不管如何，您是要相信用死皮做的實驗，還是用活狗做的？至少，不應當排除貓狗可以通過曬太陽來攝取維他命 D 的可能性吧。

 林教授的科學養生筆記

· 狗跟人一樣，只要曬太陽就可以攝取到足夠的維他命 D

· 過量的維他命 D 會導致嘔吐、食慾不振、口渴、排尿增加、過度流口水、體重減輕、腎衰竭和死亡

· 現在市面上的維他命 D 補充劑，絕大部分是源自於綿羊毛裡的油脂，其製作過程也是靠紫外線照射

「維他命 D 正常值」，是一種迷思

#骨質、中毒、微營養素

2018 年 3 月 9 號，有位大學同學傳來簡訊：「拜讀了您有關維他命 D 中毒的文章，讚！想請教，我一天口服 1,200 單位（分二次服用）會中毒嗎？其實，因為住在鄉下，我三不五時會曬太陽，這樣還需額外口服補充嗎？我這十年來體檢骨質每次均很健康。另外報告，您的發文我都貼到其他群組。」

維他命 D，要補嗎？

首先，有關「體檢骨質每次均很健康」，我希望讀者能了解：雖然「維持骨質健康」是維他命 D 最被為熟知的功效（此

迷思請見本書 128 頁），但由於我們全身上下幾乎所有細胞都有「維他命 D 受體」，所以，維他命 D 補充劑所會影響到的器官組織，不管是好的影響還是壞的影響，絕不會只是骨質。你能確定「體檢骨質每次均很健康」是因為吃維他命 D 補充劑嗎？難道說不吃，骨質就不會健康？（我從不吃任何維他命，但牙醫說 X 光片顯示我的牙床是二十歲人的骨頭）

好，現在可以來談「一天口服 1200 單位會中毒嗎」。短的答案是「不會」。但是，請注意，我曾在〈維他命 D 中毒〉（本書 93 頁）裡有提到兩點：1. 一個月劑量只要是 40,000 至 60,000 單位，維他命 D 即成為危險物質；2. 來自補充劑的大量維他命 D 可能導致非常不同且不可預測的代謝反應。也就是說，雖然不會中毒，但卻可能有危險，而這種潛在的危險是由於我們身體不知道要如何應付突然而來的大量「微營養素」或大量的「類固醇荷爾蒙」。

我在本書前面有詳細解說：「維他命 D 既是微營養素，也是類固醇荷爾蒙；做為『微營養素』，維他命 D 的攝取就必須是『微』。」來自陽光的維他命 D 是在我們皮膚中緩慢轉化形

成的，而來自食物的維他命 D 是在我們小腸中緩慢吸收的。然而，來自補充劑的維他命 D 是如此大的量，我們的身體怎麼有辦法順暢地吸收、利用、代謝？

做為「類固醇荷爾蒙」，維他命 D 就不應當被「額外攝取」。所有的類固醇荷爾蒙都是既可載舟也可覆舟。時間或劑量不當，都是有害的。這也就是為什麼「幾乎」所有的類固醇荷爾蒙都需要醫師處方。「幾乎」是因為維他命 D 是唯一的例外，你愛怎麼買愛怎麼吃，沒有人會眨個眼。當然，絕大多數人是不會出現中毒症狀。但是，沒有中毒症狀，並不表示就沒有傷害。

反過來說，你也可以反駁，沒有缺乏症狀，並不表示就沒有傷害。所以，在沒有出現症狀的情況下，補不補的抉擇只能靠「信仰」，如果你相信有益，就補；如果你相信無益，就不補。

這篇文章發表前，另一位同學先回應了這位同學的提問。他說：「去年我在小孩的催促下，找了一位家庭醫生。第一次見面就先抽血，做了許多基本健康檢查，意外發現缺維他命 D3。只好每星期吃一粒五萬單位的 D3，持續十三週。今年初再檢

驗，情況有改善，但是還是不足，醫生要求每天吃一顆兩千單位，且多運動。故建議你最好找個醫生先確定有不足再服用。」……其實，這種維他命 D 缺乏的迷思，我一點也不意外。想要破除這種迷思的讀者，請看下一段。

最佳維他命 D 濃度，沒有共識

我曾在「大腸癌和維他命 D 的迷思」（本書 97 頁）裡說，沒有人知道什麼叫做「維他命 D 正常值」，並提供了兩篇最新醫學論文做為佐證。結果，有位好友跟我說看得霧煞煞，有看沒有懂。其實我並不意外，畢竟這兩篇論文是寫給醫療專業人員看的。所以，我決定在這裡，將這兩篇論文裡，有關「維他命 D 正常值」的部分，翻譯如下。第一篇論文標題是「維他命 D 補充：少點爭議，需要更多指導」[1]：

1. 文獻中有關維他命 D 缺乏症的發生率有多種不同範圍的報導，之所以會如此，要部分歸因於對於維他命 D 缺乏症的不同定義（例如，血清 25- 羥基維他命 D 濃度低於 20ng/ml 或低

於 12ng/ml）。因此，這方面的研究充滿了互相矛盾的結果。

2. 到底什麼是最佳維他命 D 濃度，還沒有達成共識，而精確的維他命 D 測量方法也還只是在研發中。

3. 雖然補充維他命 D 對骨骼的益處已有記載，但還是有研究表明沒有觀察到如此的益處。事實上，就老年人跌倒風險而言，高劑量維他命 D 補充劑甚至被報導會造成傷害。至於維他命 D 在非骨骼方面的益處也是如此，例如糖尿病和心血管疾病、呼吸系統疾病、神經系統疾病、腎臟疾病和肝臟疾病，都是既有正面也有負面的報導。

第二篇論文是「關於維他命 D 參考範圍：維他命 D 測量的預分析和分析變異性」[2]：

1. 與其他維他命不同，維他命 D 在血液中的濃度在一年中隨著遺傳因素和環境因素而起伏。（也就是說，某個時候「過低」，某個時候「過高」，都可能是正常的）

2. 目前的維他命 D 測量方法仍有很高的變異性，而這可能會導致不正確的維他命 D 缺乏之診斷。（也就是說，同一個血

液樣品，某一家醫院測出「過低」，但另一家卻測出「正常」）

3. 由於低維他命 D 濃度對非骨骼疾病的影響仍然部分未知，有關建立有意義範圍的國際指南是需要的。

好，除了上面文章之外，我也請讀者參考一篇哈佛大學的文章，它是寫給一般大眾看的，標題是「維他命 D：何謂『正常』值」[3]。從這個標題，讀者應該可以看出，就連哈佛的醫生也在問，什麼是維他命 D 正常值。

還有，「台灣家庭醫學醫學會」有發表一篇標題為「淺談維生素 D 缺乏及不足」的文章[4]。儘管我不同意其摘要裡說的「依文獻報導，老年人維生素 D 不足的現象十分普遍」（文章裡有說維他命 D 不足的定義不明，所以又怎能說十分普遍呢？），但我還是認為值得推薦給讀者。

另外，萬芳醫院內分泌專科醫師劉漢文 2017 年 5 月在自己的網站發表一篇文章，標題是「維他命 D 缺乏的爭議」。從這個標題，讀者應該可以看出，何謂「維他命 D 缺乏」，是有爭議性的。劉醫師在結語說：「一般人只要注意有適度的陽光，從

鮭魚、鮪魚、鯖魚、魚肝油、蛋、乳製品、蘑菇等食物來攝取維他命 D 即可。」

　　如果你自認罹患了「維他命 D 缺乏症」，那就應該找出原因，而不是不分青紅皂白地猛吃維他命 D。正常的情況下，維他命 D 是通過「陽光→皮膚→肝→腎」這條路線而產生的。所以，如果你有維他命 D 缺乏的症狀或疑慮，就應該檢查這條通路是否出了問題。另外，由於維他命 D 也可以來自食物，所以，你也應該檢查食物是否缺乏維他命 D，或是腸道有吸收的問題。治根，才是上上之策。

 林教授的科學養生筆記

· 到底什麼是最佳維他命 D 濃度，還沒有達成共識，而精確的維他命 D 測量方法也還只是在研發中

· 與其他維他命不同，維他命 D 在血液中的濃度在一年中隨著遺傳因素和環境因素而起伏。也就是說，某個時候「過低」，某個時候「過高」，都可能是正常的

維他命 D 悖論

#骨質密度、白人、非裔美國人

所謂的「悖論」（paradox，又稱矛盾、悖逆）的意思，是事件的發展出現了與原先預期相違背的結果。有關醫學上的這種現象，我已經發表過三篇文章，分別在講述「抗氧化劑矛盾」（《餐桌上的偽科學》125 頁）、「補充劑悖逆」（本書 190 頁）和「法國悖論」（《餐桌上的偽科學 2》152 頁），本篇我要談的，是另一個鮮為人知，但卻很重要的悖論。

維他命 D 濃度低，但骨折率也低

2007 年 11 月 12 日，權威的骨科醫學期刊《風濕病學》

（Rheumatology）發表了一篇編輯評論，標題是「維他命 D 悖論」[1]。這篇評論的作者是英國骨科及維他命 D 研究權威羅傑‧法蘭西斯醫師（Roger Francis）。他除了是英國新堡大學（Newcastle University）的教授之外，也是幾家維他命 D 廠商，如夏爾（Shire）、尼康得（Nycomed）和 ProStrakan 的顧問。可是他的這篇評論毫無疑問的是對這些維他命 D 廠商「打臉」。他說，儘管維他命 D 被認為對骨骼至關重要，但是接二連三的臨床試驗卻一再顯示服用維他命 D 補充劑並不會降低骨折的風險。而也就是因為這樣，他才會寫這篇〈維他命 D 悖論〉。（請見本書 128 頁〈維他命 D 護骨，實證無效〉，說明了維他命 D 補充劑連最起碼的護骨功效都沒有）

2008 年 8 月，權威的營養學期刊《美國臨床營養學雜誌》（American Journal of Clinical Nutrition）發表了一篇回顧論文，標題是「非洲裔美國人，25- 羥基維他命 D 和骨質疏鬆症：悖論」[2]。這篇論文的作者是美國骨科及維他命 D 研究權威約翰‧艾羅亞（John Aloia）醫師。他說非洲裔美國人血清維他命 D 的

濃度大約只有白種美國人的一半，但是骨折發生率卻也只是白種美國人的一半。還有，他的研究也發現，給非洲裔美國人每天補充 2,000 單位的維他命 D，既不會防止骨質流失，也不會降低骨折發生率。因此，他稱這種現象為「維他命 D 悖論」。請注意，這裡所講的維他命 D 悖論，比前一段所講的還更悖逆（因為這裡所講的是，維他命 D 濃度越低，骨折發生率竟然也越低）。

2015 年 9 月，約翰・艾羅亞醫師所率領的團隊發表一篇研究論文，標題是「非洲裔美國人游離的 25- 羥基維他命 D 和維他命 D 悖論」[3]。他們發現，非洲裔美國人血清裡的總維他命 D 濃度雖然比白人低，但是游離的維他命 D 則與白人相當。根據這樣的結果，研究人員建議不應該篩檢總維他命 D 濃度（一般都是做這樣的篩檢）。

NIH 專家對於維他命 D 的意見

這個悖逆現象（即「維他命 D 濃度低，但骨折率也低」）引起了美國政府最高健康研究機構美國國立衛生研究院（National

Institute of Health）的注意。在 2017 年 12 月，其下屬的「膳食補充劑辦公室」、「美國國家少數族裔健康與健康差異研究所」、「美國國家老齡研究所」以及「美國糖尿病與消化系統及腎臟疾病國家研究所」，共同贊助了一個專家小組會議來討論這個悖逆現象。隔年五月，這個專家小組會議發表了一篇報告，標題是「非洲裔美國人的維他命 D 悖論：基於系統的方法來調查臨床實踐、研究和公共衛生——專家小組會議報告」[4]。我把這份會議報告的重點結論翻譯如下：

可能有許多因素會影響美國黑人的維他命 D 水平，而了解這些因素可能是理解及改善所有人群骨骼健康機制的關鍵。數據顯示，儘管肥胖、皮膚色素、維他命 D 結合蛋白多態性和遺傳因素，均導致黑人與白人之間維他命 D 水平的差異，但沒有任何一個單一因素可以解釋維他命 D 悖論。但是，小組成員的確同意這一悖論很重要，因此有必要進一步調查。專家們也都同意，對非洲裔美國人而言，補充高劑量維他命 D 非但不會有任何骨骼益處，反而會有不利影響。

補充高劑量維他命 D 對骨骼有不利影響

讀者們，您有沒有注意到上面那句「**補充高劑量維他命 D 非但不會有任何骨骼益處，反而會有不利影響**」？這可是美國政府最高健康研究機構所召集的專家們的意見呢！事實上，維他命 D 悖逆現象不見得是非洲裔美國人特有的。在 2019 年 8 月 27 號，《JAMA：美國醫學會期刊》發表論文，標題是「高劑量維他命 D 補充對體積骨密度和骨強度的影響」[5]。這項研究發現，骨密度與服用維他命 D 補充劑的劑量成反比，而骨強度也有下降的趨勢（請看本書 132 頁）。值得注意的是，這項研究是在加拿大進行的，而調查對象裡 95% 是白人，所以，這是不是表示白人也出現了維他命 D 悖逆現象？

說穿了，這整個事件其實就是一齣鬧劇加悲劇。我早在 2017 就發文說過：「1922 年，美國生化學家馬可倫發現魚肝油可以治療佝僂病。他把魚肝油裡的有效元素命名為維他命 D。這個發現很了不起，但這個命名，卻為後來有關維他命 D 的應用與研究，種下禍根。維他命 D 的正確分類是類固醇荷爾蒙……

由於大多數的研究把維他命 D 看待為營養品，所以，它們的實驗結果不但是正反兩面都有，而且往往是互相抵觸。……由於醫學界到現在還是甩不掉『維他命 D 是營養素』這個舊思維，所以，五、六十年來，在投入了龐大的資金和人力後，還是搞不清楚到底要補還是不補。所以，想要撥雲見日，當務之急就是，徹底接受『維他命 D 是荷爾蒙，而不是維他命』此一事實。」

唉！如果五、六十年前醫學界就接受「維他命 D 是荷爾蒙，而不是維他命」，維他命 D 悖論這齣鬧劇加悲劇，就絕不會發生。

 林教授的科學養生筆記

· 2015 和 2019 年的實驗都發現了「維他命 D 悖逆現象」，亦即：「維他命 D 濃度低，但骨折率也低」

· 2017 年，美國政府最高健康研究機構所召集的專家們的意見：補充高劑量維他命 D 非但不會有任何骨骼益處，反而會有不利影響

維他命 D 萬靈丹之父

\# 內分泌、正常值、藥廠、紫外線、埃勒斯 - 丹洛斯症候群

2019 年 6 月，頂尖的心臟學期刊《JAMA 心臟病學》（JAMA Cardiology）在同一個月發表了兩篇有關維他命 D 的文章，其中一篇的標題是「維他命 D 心血管預防之死」[1]（請見本書 155 頁），文章第一句是：在過去十年裡，由於大眾對於維他命 D 萬靈丹的瘋迷，導致維他命 D 檢測和口服補充劑增加了近一百倍。

將維他命 D 推銷給美國的那個人

那，到底是為什麼，大眾會在過去十年裡瘋迷維他命 D 萬靈丹呢？簡單的答案是，因為十多年前美國出現了一位維他命

D 超級推銷員，麥可·哈立克醫生（Michael Holick, MD）。他在 2004 年發表論文，標題是「維他命 D：預防癌症、一型糖尿病、心臟病和骨質疏鬆症的重要性」[2]，要大眾每年至少做一次血清維他命 D 檢測，還要每天吃至少 1,000 單位的維他命 D 補充劑。直到今天，十五年來，他每年都要發表好幾篇論文，一再說維他命 D 不足是全球性的災難，以及維他命 D 補充劑可以防百病，治百病等等。尤其是在一篇 2017 年的論文裡，他還說肥胖的人每天需要吃 8,000 單位，而一般人縱然每天吃 15,000 單位也很好[3]。

至於詳細的答案，請您先看一篇文章的標題「將維他命 D 推銷給美國的那個人——並在此過程中獲利」[4]，以及標題下面的這句話：根據政府記錄和訪談，將陽光補充劑變成數十億美元巨獸的醫生已從維他命 D 行業獲得數十萬美元的收入。這篇文章 2018 年 8 月發表在非營利的醫療資訊網站「凱澤健康新聞」（Kaiser Health News）。我把重點整理如下：

在 2011 年，具有美國官方地位的「醫學研究院」（Institute

of Medicine）發布一份「維他命 D 攝取量指南」，將維他命 D 最低正常值定位為 20ng/ml。

可是，在同一年，民間的「內分泌協會」發布另一份指南[5]，將維他命 D 最低正常值定位為 30ng/ml。就是根據後面這份指南，才使得超過 80% 的美國人變成維他命 D 不足，而主導這份指南的人恰恰就是哈立克醫生。

（補充：所謂維他命 D 最低正常值，不管什麼數字，都是硬拗出來的。請複習本書 50 頁〈維他命 D 正常值，是一種迷思〉）

從那一年開始，一大堆名人和名嘴推波助瀾，來幫哈立克醫生推銷維他命 D 補充劑和檢測。例如影星葛妮絲・派特羅（Gwyneth Paltrow）就在她的網站 Goop 引用這位醫生的寫作。電視名嘴歐普拉（Oprah Winfrey）在她的網站說「知道你的維他命 D 水平可能會挽救你的生命」。電視名醫奧茲醫生（Mehmet Oz）將維他命 D 描述為「你需要更多的東西」。他舉例說，維他命 D 可以預防心臟病、抑鬱症、肥胖、記憶力減退和癌症。

（有關奧茲醫生的爭議，請看拙作《餐桌上的偽科學 2》27 頁）

哈立克醫生從 2013 年至 2017 年從製藥公司獲得近 16.3 萬美元。這些公司包括賽諾菲（Sanofi-Aventis，販售維他命 D 補充劑）、夏爾藥廠（Shire，生產和維他命 D 補充劑一起服用的荷爾蒙）、安進藥品（Amgen，生產骨質疏鬆症的藥）、羅氏大藥廠（Roche，生產維他命 D 檢測試劑）、Quidel（生產維他命 D 檢測試劑）。除此之外，哈立克醫生目前每個月還從醫檢公司 Quest 獲得一千美元的諮詢費。

哈立克醫生從 2004 年至 2006 年從一家紫外線照射機構獲得十五萬美元。他鼓勵大眾用紫外線照射儀來增加血清維他命 D 濃度。可是國際癌症研究機構（IARC）卻在 2009 年將紫外線照射儀定位為致癌物質。

哈立克醫生在 2003 年出了一本書，書名是「紫外線的優點」（The UV Advantage），2010 年又出了另一本書《維他命 D 療法》（The Vitamin D Solution），教讀者要如何補充維他命 D（每天至少 1,000 單位），要如何做維他命 D 檢測（每年至少一次），以及要如何從保險公司獲得全額補貼。

在 2015 年，非營利的醫療保險公司「藍盾藍十字協會」
（Excellus BlueCross BlueShield）發布一項分析，內容是：「該
公司在 2014 年花了 3,300 萬美元來支付 64.1 萬次維他命 D 檢
測。該公司的副總裁兼首席醫療官理查·洛克伍德（Richard
Lockwood）醫生說，超過 40％的測試是沒有任何醫學理由需要
做的。」

這十多年來，美國的國家健康研究院每年都要花費數億美
元來資助維他命 D 補充劑的研究，而結果是所有的臨床研究，
包括癌症、心臟病、糖尿病、骨質酥鬆、自體免疫疾病等等，
全都是以無效甚至有害收場。可是這位「維他命 D 萬靈丹之
父」還是繼續推銷，普羅大眾還是繼續買單。難道說，維他命
C 萬靈丹幾十年的騙局，教訓得還不夠？

更多哈立克的爭議，埃勒斯 - 丹洛斯症候群

哈立克醫生除了將維他命 D 神化成可以治百病防千病的
萬靈丹之外，他的爭議還不止於此。2019 年 7 月 24 號，媒體

ProPublica 報導他受到紀律處分。ProPublica 是一家非營利，專門從事於深度調查性新聞報導的媒體，而撰寫此文的作者是專門從事於醫療保健調查的資深記者大衛・阿姆斯壯（David Armstrong）。文章的標題是「波士頓醫院報告對著名的虐待兒童懷疑論者進行紀律處分」[6]，標題下面有這麼一句引言：「去年 9 月，我們調查了麥可・哈立克醫生作為虐童嫌犯的專家證人的工作」。隨後，他的醫院通知麻薩諸塞州的醫學委員會，限制了他的特權。

「去年 9 月的調查」指的是 ProPublica 在 2018 年 9 月 26 號發表的報導，標題是「虐童反向人」[7]，作者也是大衛・阿姆斯壯，標題下的引言是：著名科學家麥可・哈立克，轉為專家證人，他用自己有爭議的理論來幫助被指控的虐童人士避免入獄，重獲被虐嬰兒的監護權。

由於這篇文章非常長，所以其中的一些重點我會放在後段討論。事實上，早在 2015 年 3 月 13 日，著名的《波士頓環球報》就發表過一篇報導，標題是「反對人士強力抨擊波士頓大學醫生為虐童案做辯護」[8]。我把其中兩段的重點翻譯如下：

　　麥可・哈立克醫生的證詞正引起兒科醫生的關注，他們說他沒有科學證據來支持他的論斷。他們擔心他為潛在危險的父母提供掩護，使孩童面臨更大的危險。Baystate 兒童醫院家庭倡導中心醫療主任史蒂芬・布思（Stephen Boos）醫生說，缺乏科學依據的辯護，使得一些孩子可能會被送回危險的父母身邊。

　　波士頓虐童案專家兼美國兒科學會兒童虐待和忽視委員會成員羅伯特・賽居（Robert Sege）醫生說：「這種錯誤的爭論使得保護兒童變得困難」。他說，哈立克幾乎沒有任何資格來說「埃勒斯 - 丹洛斯症候群」（Ehlers-Danlos syndrome）與兒童骨折之間存在關聯性。哈立克從未發表過任何將遺傳病與嬰兒骨折相關的同行評審研究。

　　有關哈立克如何用「埃勒斯 - 丹洛斯症候群」來為虐童人士做辯護，我們現在可以回頭來看〈虐童反向人〉這篇文章：

　　在過去的七年中，哈立克已經在美國、英國、紐西蘭、澳洲、德國和加拿大的三百多個虐童案件中擔任專家證人。在

所有案件中他從沒有發現過小孩有被虐待，在絕大多數的情況下，他將案件歸咎於孩子患有罕見的遺傳病，即「埃勒斯 - 丹洛斯綜合症」，在極少數的情況下，他將孩子的骨折歸咎於維他命D缺乏症。哈立克幾乎從沒有親自檢查過被虐待的小孩，而是根據小孩雙親的說辭或小孩親屬的病例來做出診斷。

哈立克擔任專家證人是無償的，但卻會要求對方捐錢給他的「埃勒斯 - 丹洛斯症候群」研究。他自己說，在過去四年中，他的研究經費中約有四分之一（約合時二萬五千美元）來自兩個虐童案被撤銷後的家庭。

許多遺傳學家和骨骼專家認為，哈立克將幾乎 100％的案例歸咎於「埃勒斯 - 丹洛斯綜合症」，實在令人感到不安，因為根據美國國立衛生研究院的資料，此症最多影響全球 0.02％的人。印第安納波利斯的佩頓・曼寧兒童醫院的臨床遺傳學家布萊德・丁寇（Brad Tinkle）醫生說，哈立克診斷出這種疾病的比率不屬於「數學概率的可能性」。那，哈立克所提倡的「維他命D能治百病防千病」會屬於數學概率的可能性嗎？

　　順帶一提，台灣有位江姓醫生在 2018 年 1 月出版了一本推廣維他命 D 的書籍，書名叫做「一天一 D：維他命 D 幫你顧健康」，還登上了 2018 年博客來書店醫療保健類排行榜的年度第一名 [9]，江醫師的作者簡介中，就有寫到他是師承維他命 D 之父麥可・哈立克。關於江醫師的爭議，可以翻到本書的 80 頁。

 林教授的科學養生筆記

・這十多年來，美國的國家健康研究院每年都要花費數億美元來資助維他命 D 補充劑的研究，而結果是所有的臨床研究，包括癌症、心臟病、糖尿病、骨質酥鬆、自體免疫疾病等等，全都是以無效甚至有害收場

・根據美國國立衛生研究院的資料，埃勒斯 - 丹洛斯綜合症最多影響全球 0.02 ％的人

1-8

如何正確看待維他命 D 補充劑

#營養素、防曬油、墨鏡、素食

我發表了超過五十篇有關維他命 D 的文章，不厭其煩地闡述為什麼一般人不需服用維他命 D 藥片。但還是有讀者繼續懷疑，例如 2018 年 5 月，讀者 Johnny Liu 的回應，我摘錄如下：「關於維他命 D，麥克·葛雷格（Michael Greger）看起來與你的論述有所不同，不知道你有何意見呢？另外，很多關於維他命 D 的整合分析都是正向的，如這篇〈維他命 D 補充劑與成人癌症預防〉[1]。」

把維他命 D 當成營養素，是錯誤觀念

首先必須說，我其實很歡迎讀者質疑，因為真相總是

越辯越明。以下簡單介紹一下麥克‧葛雷格。他有醫學學位
（Medical Doctor），但全職是推行完全素食（蛋奶都禁）。而
為了推廣素食，他一向誇大植物食品的好處以及動物食品的壞
處，在拙作《餐桌上的偽科學》第 182 頁中有關地瓜抗癌的文
章中有提過他。對他的事蹟有興趣的讀者也可以看附錄的三篇
文章[2]。

由於植物食品不含維他命 D，所以完全素食者只能靠曬太
陽或吃補充劑來攝取維他命 D。但他說曬太陽會使皮膚加速老
化，可能得癌，眼睛也可能得白內障。所以，為了避免所謂的
維他命 D 不足，他建議吃補充劑。

可是，對已經發育成熟的人而言，真的會有維他命 D 不足
的現象嗎？有關這一點，我已經討論過數次，例如本書第 50 頁
的「維他命 D 正常值，是一種迷思」。就算真的有維他命 D 不
足這種事情，非素食者只要吃富含油脂的魚及雞蛋，也就可避
免。

而如果你堅持全素，還是可以靠曬太陽來獲取維他命 D。
只要用防曬油來保護皮膚，以及戴墨鏡來保護眼睛。順帶一

提，SPF-15 防曬油並不會降低血液維他命 D 濃度，有興趣的讀者可以去看註釋中的這篇論文[3]。而如果你認為因為麥克·葛雷格是醫生，所以較值得相信，可以去讀一下本書 84 頁的「名醫認錯」。總之，有關麥克·葛雷格對維他命 D 的看法，我不敢苟同。

再來，我們看看讀者所說的「很多關於維他命 D 的整合分析都是正向的」。先來看他提供的那篇 2014 年發表的文章，其結論是：目前還沒有確鑿的證據表明，維他命 D 補充劑能減少癌症發生率。維他命 D 和鈣補充劑會增加腎結石。

這算是正向的結論嗎？不管如何，縱然真的有正面的整合分析，那也一點都不意外。我已經說過：由於醫學界到現在還是甩不掉「維他命 D 是營養素」這個舊思維，所以五、六十年來，在投入了龐大的資金和人力後，還是搞不清楚到底要補還是不補。想要撥雲見日的當務之急，就是徹底接受「維他命 D 是荷爾蒙，而不是維他命」此一事實。事實上，最近幾年來有關維他命 D 補充劑整合分析的文章，幾乎是一面倒的負面。我

們就只看 2018 年的四篇論文好了：

1.〈維他命 D 補充劑對心血管疾病和二型糖尿病標誌的效果：系統分析與個體因素的隨機整合分析〉[4] 結論：對於血壓和 HbA1c 的主要結局，這些數據並不支持補充維他命 D。

2.〈維他命 D 補充劑對血管功能標誌的效果：系統分析與個體因素的整合分析〉[5] 結論：補充維他命 D 對大多數血管功能標誌無顯著影響。

3.〈維他命 D 對多發性硬化患者的效果：整合分析〉[6] 結論：維他命 D 似乎對多發性硬化患者沒有治療作用。

4.〈維他命 D 補充劑對於腰痛有效嗎？系統整合分析〉[7] 結論：不建議使用維他命 D 治療腰痛。

在本書中，我已經提供了數十篇近年的大型報告，全都出自知名的醫學期刊，結論也是一面倒的不支持維他命 D 補充劑，但願這種負面的趨勢會導致醫學界改變把維他命 D 當成是營養素的錯誤觀念。

維他命 D 補充劑有害嗎？

　　哈佛大學的健康資訊網站上有一篇 2017 年 11 月發表的文章，標題是「服用過多的維他命 D 會使其益處蒙上陰影並產生健康風險」[8]，我把文章重點翻譯如下：

　　近年來的研究認為低水平維他命 D 與很多疾病有關聯性，包括心臟病、糖尿病、癌症、情緒障礙和癡呆症等等。這導致維他命 D 補充劑和篩檢大受歡迎。哈佛醫學院女性健康醫學教授喬安・E・曼森（JoAnn E. Manson）醫師說：「維他命 D 測試是近年來在美國進行最多的健檢之一。對於實際上僅一小部分人需要做的測試，這的確令人驚訝。」

　　不幸的是，這種維他命 D 的趨勢並非全然正確，有些人過度補充了。根據發表在 6 月 20 日出版的《JAMA：美國醫學會期刊》，研究人員在調查 1999 年至 2014 年間收集的全國調查數據時發現，服用可能不安全劑量維他命 D 的人數增加 2.8%，即每天超過 4,000 國際單位（IU）。在同一時期，每天服用 1,000

IU 或更多維他命 D 的人數增加了近 18%，這也超出了 600 到 800 IU 的建議劑量。

曼森醫師說：「雖然維他命 D 在骨骼健康中的作用得到了強有力的支持，但它有助於預防其他疾病的證據尚未有定論。特別是在隨機臨床試驗方面，迄今為止一直令人失望。」

她又說：「儘管一些研究發現維他命 D 血液水平低與各種疾病之間存在關聯，但尚未證實維他命 D 缺乏確實導致疾病。」例如，患有嚴重疾病的女性可能患有維他命 D 缺乏症。但這可能是因為她很少在戶外活動或飲食不良，這兩者都是許多疾病和缺乏症的危險因素。另一個問題是疾病可以引起炎症，而這會降低血液中的維他命 D 水平。肥胖與許多疾病有關，也會減少血液中維他命 D 的含量。這是因為我們的身體會將維他命 D 儲存在脂肪組織中，所以會將維他命 D 從血液中去除，導致血檢顯示維他命 D 水平過低。因此，低維他命 D 水平可能是疾病的標誌，但不一定是疾病的直接原因。

曼森醫師說：「更多不一定就更好。事實上，更多可能更糟。例如，在《JAMA：美國醫學會期刊》上發表的一項 2010

年研究顯示，老年婦女攝入極高劑量的維他命 D 與跌倒和骨折有關。」

　　此外，在極少數情況下服用過多維他命 D 補充劑可能會產生毒性。它可導致高鈣血症，這種情況是血液中積聚過多的鈣，可能在動脈或軟組織中形成沉積物。它也可能使女性容易患上痛苦的腎結石。最後，曼森醫師說：「最好是從食物而不是補充劑來獲取維他命 D。例如，添加了維他命 D 的乳製品、富含脂肪的魚和蘑菇。」

 林教授的科學養生筆記

· 如果你堅持全素，只能靠曬太陽獲取維他命 D，還是可以用防曬油來保護皮膚，也可戴墨鏡來保護眼睛。

· 維他命 D 測試是近年來在美國進行最多的健檢之一，但實際上僅一小部分人需要做測試

Part **2**
維他命 D 抗癌，是思想大躍進

乳癌、大腸癌、肺癌、胰臟癌……維他命 D 補充劑被電視名醫們渲染成可以治療和預防各種癌症，最新的大型醫學期刊告訴你真相

維他命 D 抗癌迷思 (上)

類維他命 D、電視名醫、胰臟癌

　　我一而再，再而三地列舉最新的醫學報告，闡述維他命是「微」營養素，所以，如過度補充，反而是有害無益。儘管如此，朋友們還是會三不五時問我，要不要補充維他命。這些朋友都很清楚我一向反對補充維他命的立場，好像問久了，就能改變我的立場，讓他們補得安心。

電視名醫為何鼓吹維他命 D ？

　　在 2017 年 7 月的朋友聚會裡，他們還群起圍攻，說最近台灣有位專門研究維他命 D 的江醫師，在電視節目裡叫大眾一定

要補充維他命 D。我明知無力回天，但還是必須說：「就因為他是曾經做過維他命 D 研究的人，才會死心塌地地鼓吹補充維他命 D。要不然，他多年的苦心不就白費了？」

我到江醫師工作的醫院網站查看他的學經歷，發現他總共發表了二十六篇論文，這就是他在電視節目裡所說的「發表了數十篇論文，通通在講維他命 D 抗癌的故事」。可事實上，總共只有四篇是有關維他命 D 治癌的實驗報告。而且，請注意，他實驗裡所用的維他命 D，並不是真的維他命 D，而是人工合成的「類維他命 D」。

那，為什麼要用「類維他命 D」，而不用「真維他命 D」呢？還有，他所有的實驗都是用培養的細胞做出來的。唯一的例外是，其中一篇也做了老鼠的實驗。那，這樣的研究與臨床試驗一樣嗎，可以說是對人有效嗎？好了，不管怎麼樣。既然大多數人選擇相信電視名嘴，那我也就只好請一位電視上常見的醫生來助陣吧。

一則 2015 年 9 月 21 日新聞，標題是「保健食品該不該吃？

江守山、顏宗海上演正反論戰」[1]，摘錄如下：

　　顏宗海醫師在記者會上分享自身經驗，表示近年來看門診時，常有老人家拿子女從國外帶回來的保健食品，詢問他「該不該吃」？每當遇到這類情況，並判斷保健食品不含藥品成分後，他都會告訴病患「吃完這瓶就別吃了」。「這些都是兒女的孝心，不吃不好，但最好的保健食品其實是天然食物」，顏醫師則認為許多維生素都能從天然食材中取得，「除非情況特殊，否則不建議食用」。

除非情況特殊，否則不建議食用維他命保健品

　　請讀者注意「除非情況特殊，否則不建議食用」。這才是一個真正為大眾健康著想的醫師所應該說的，而這也是美國官方（請看附錄中的 2015 年《美國飲食指南》）[2] 和台灣官方的意見（請看「衛生署學生健康服務」）[3]。如果還不相信，那就請看陳令璁醫師寫的這篇文章〈補充維他命製劑是必要的嗎〉[4] 裡的一段話：

　　天然食物中含有維生素 D 成份的種類不多，因此曬太陽讓我們的身體自己去製造充分的維生素 D 以減低罹患骨質疏鬆症，是最自然可行的方法。美國康乃爾大學的營養學教授派西‧布藍儂（Dr. Patsy Brannon）與該校的醫學研究團隊，經過多年的研究指出過量的維生素 D 有增加罹患胰臟癌的風險，大量的維生素 D 也會造成高鈣血或高鈣尿的問題，導致骨骼與腎臟的損害。因此除了已停經之婦女、骨架子很小、生活過於靜態者需要補充維生素 D3 製劑之外，還是以曬曬太陽和平日攝取含多油脂的魚類，例如鮭魚、鯖魚、秋刀魚、鮪魚是最佳獲得維生素 D 的方法。

　　如果還不相信，那就再看**「世界癌症研究基金會」**（World Cancer Research Fund）的建議：**為了預防癌症，我們應該透過一般飲食來滿足營養需求，而不應依賴補充劑** [5]。

　　有關維他命 D 的歷史錯誤以及被濫用的風險，我在本書開頭不厭其煩地寫了多篇文章，這裡再說一次：維他命 D 是一種「類固醇荷爾蒙」，而所有的類固醇荷爾蒙都具有一個共同特性，那就是，它們都是既能載舟，也可覆舟。而也就因為如

此，「類固醇荷爾蒙」的使用需要醫師處方。但是，維他命 D 卻是可以隨便買隨便用，其危險自是不可言喻。再度提醒，由於添加維他命 D 曾造成廣泛的中毒，大多數歐洲國家禁止在牛奶裡添加維他命 D[6]。那，為什麼還是有醫生鼓勵補充維他命？答案很簡單，利慾熏心。有興趣的讀者可以搜尋長庚大學張淑卿主任寫的文章，標題是「專業知識、利益與維他命產業」[7]。

名醫認錯：我為何對此備受讚譽的補充劑改變想法

幾年前開始，一段影片在網路廣泛流傳，那是大力鼓吹維他命 D 好處的江醫師，在台灣的八卦健康節目裡很憤慨地說：「維他命 D 對全身上下都非常重要，所以沒有不吃維他命 D 補充劑的道理。」正因如此，我為了讓讀者和親友知道那是一個錯誤的建議，在 2017 年 7 月發表了前一段文章。不過，從點擊率來看，我這篇文章的影響力是遠遠不及那段影片。但這也不算意外，因為我很清楚，要改變一個根深蒂固的習慣或信仰，是需要時間、努力和堅持。

　　為了幫助讀者改變想法，我再講一個故事，是一位大牌醫生的認錯告白。這位大牌醫生名叫蒂姆・斯佩克特（Tim Spector），是英國倫敦國王學院（King's College London）的教授及遺傳流行病學系主任。他發表超過八百篇研究論文，名列全世界發表數量最多科學家的前百分之一。他還擁有好幾個世界頂尖的頭銜。有興趣的讀者可以點擊國王學院的網頁來看這位醫生的簡介[8]。

　　斯佩克特醫生在 2016 年 1 月在自己的專欄發表了文章，標題是「維他命 D 日薄西山：為什麼我對這個備受讚譽的補充劑改變了想法」[9]。以下是我對這篇文章所做的重點翻譯：

　　1. 幾十年來，醫生、患者和媒體都對各種他命 D 補充劑感到迷戀。無止境的新聞頭條大力稱讚其具有降低各種病症的神奇功力。醫學專家們（包括我自己）幾十年來一直跟病患提倡要吃補充劑。

　　2. 我自己也曾經服用過維他命 D，並且推薦給家人。然而，在 2013 年我對補充劑的觀點發生了巨大的改變。我知道自己錯了。那一年，我為了寫《飲食迷思》（Diet Myth）一書，開

始蒐集並研讀相關資料。從這些資料我非常詫異地發現，幾乎所有的維他命補充劑都缺乏科學根據。它們之所以受到廣大歡迎，要歸功於商業集團以及明星們的推銷。

3. 目前的科學證據顯示，維他命補充劑非但沒有任何好處，反而可能有害。例如：有一個大型的臨床試驗發現，維他命 E 補充劑實際上會增加攝護腺癌；有一個超大型的分析研究（綜合 27 個臨床試驗，50 萬病患）發現，維他命補充劑對預防癌症或心臟病，完全無效。

4. 更讓人吃驚的是，過分地吃補充劑會增加得癌和心臟病風險，以及促進早死。縱然在護骨方面，兩個大型的臨床研究也發現，大劑量的維他命 D 會大幅度地（二到三成）提高骨折的風險。

5. 自從 1980 年以來，許多研究人員，包括我自己，撰寫了數千篇論文，將 137 種疾病歸咎於缺乏維他命。但是，一篇 2014 年的報告發現，這些關聯性是虛偽的。

6. 目前的證據是，所謂的維他命 D 過低，幾乎完全與健康無關。縱然有關，那也是疾病會引起維他命 D 過低，而不是維

他命 D 過低會引起疾病。至於為什麼吃補充劑反而有害，目前的證據是，過量的維他命會干擾我們的腸道細菌以及免疫系統。

7. 我最喜歡的維他命竟然是危險的，這實在是一個警鐘。我們應該認清這些化學品在全世界被濫用的情況，而不是將它們常規性地添加到食品中。我們在這些產品上浪費的數十億美元，應當花在正當的醫療保健。

8. 人們應該被教育和告知：百分之九十九的人，只要曬太陽以及吃多元化的真正食物，就足以得到所有健康所需的維他命。

 林教授的科學養生筆記

· 目前的證據是，所謂的維他命 D 過低，幾乎完全與健康無關。縱然有關，那也是疾病會引起維他命 D 過低，而不是維他命 D 過低會引起疾病

· 天然食物中含有維他命 D 成份的種類不多，因此曬太陽讓我們的身體自己去製造充分的維他命 D 以減低罹患骨質疏鬆症，是最自然可行的方法

維他命 D 抗癌迷思 (下)

#維他命中毒、帶狀皰疹、神經痛、中毒

維他命 D 抗癌，讀者回應

2018 年 1 月 31 日，我收到署名 LoLo 的讀者對前一篇文章的回應。看完後，不禁搖頭嘆息，因為要改變一個根深蒂固的習慣或信仰，真的是很難。我先將讀者 LoLo 的回應摘錄如下：

「我是一介平凡主婦，約莫二十年前左側太陽穴長了大大的皰疹，當時真痛不欲生。過了好一陣子才復原，但之後左臉常常神經痛，尤其咬了較硬的食物後就會誘發，每次都要吃止痛藥數天，且不時復發。最初我以為是牙疼，牙醫也陸續拔了

我左側好幾顆牙。某次看電視醫療節目後恍然大悟，我可能是得疱疹時產生了三叉神經受損的後遺症。

「因緣際會，我吃了某直銷體系的保健食品，在此強調這是天然的綜合維他命，是我兒子買的，剛開始我不想當白老鼠，但兒子說此直銷體已經營了數十年，經過時間的考驗，產品不便宜，棄之可惜。我吃到第二個月的某日，突然想起約兩個月沒吃止痛藥了。至今已三年，即使吃像芭樂這麼硬的水果，神經痛也不曾復發，真是奇蹟。綜合維他命內的某些元素讓我的三叉神經被修復了。

「如今我雖不是天天吃，但還是會將其當作天然保養品來補充。我對於維他命的想法是，雖不能全盤接受，但也不能一味排斥。人體所能接受的上限，市井小民皆知，何況早已證實國人的確普遍缺乏維他命 D3。而江醫師也說過維他命 D3 是一種荷爾蒙，曬太陽最好，不然就要用吃來補充。我從沒聽過江醫師說 D3 能治癌，應該說能防癌。而防癌的食物百百種，這是其一罷了。請不要點斷章取義，並在別人辛苦研究（既有師承也非閉門造車）時能予以鼓勵而非攻擊。」

七點迷思詳解

為了讓讀者容易閱讀，我將 LoLo 的回應整理成七點來討論。第一點，讀者說：「我吃的是天然的綜合維他命」。我想請問，「天然的綜合維他命」是什麼東西，是從動植物萃取出來的，還是罐子上寫著「天然」的人工藥片？關於「天然」的迷思，我在網站和書中都談了很多，有興趣的讀者可以複習拙作《餐桌上的偽科學》第 104 頁。

第二點，讀者說：「我吃了綜合維他命後，神經就不再痛了」。有關疱疹造成的神經痛後遺症，疼痛專科醫師黃勝仁寫了一篇〈漫談帶狀疱疹與疼痛科〉[1]，我把其中的兩句話引述如下：「年輕人的帶狀疱疹當皮疹痊癒之後，疼痛也隨著消失，而老年人和免疫力弱的人則往往繼續痛下去，雖然程度較急性期為輕但這種疼痛會持續多久，因人而異，也無法預測，一般是數個月，也有長達數年，甚至十年以上者也不稀罕。」「目前仍無確實能治好帶狀疱疹後神經痛的方法，因此預防是最佳的治療。光是使用抗病毒劑仍然不能夠，最好應該在發病的早期開

始神經阻斷術療法。」

從上面這兩段話就可得知：1. 目前無治好皰疹後神經痛的方法；2. 皰疹後神經痛會自然消失。所以，請問讀者，您能確定是綜合維他命治好您的皰疹後神經痛嗎？如果不能，那為什麼您會心甘情願地相信呢？難道，就只因為聽人家說，維他命可以治百病？

第三點，讀者說：「早已證實國人的確普遍缺乏維他命 D3」。請問 LoLo，維他命 D3 是要在多少以上，才不算缺乏？您有看過我寫的〈大腸癌與維他命 D 的迷思〉（本書第 97 頁）。在那篇文章裡我說，沒有人知道什麼叫做「維他命 D 正常值」，我還提供了兩篇醫學論文佐證。

第四點，讀者說：「江醫師說過維他命 D3 是一種荷爾蒙」。請問，您有看過我一年前寫的〈維他命 D 是一種荷爾蒙嗎？〉（本書第 32 頁）那可是比他早了近半年啊！但誰先說的，並不重要。關鍵是在於，他有說出維他命 D 是唯一可以被合法濫用的荷爾蒙嗎？他有說出濫用荷爾蒙的後果嗎？當然沒有，因為他不希望你知道。所以，就請您看我寫的〈維他命 D，補還是

不補〉（本書第 33 頁）。

　　第五點，讀者說：「江醫師說過，曬太陽最好，不然就要用吃來補充」。錯了，他絕對沒有說曬太陽最好。他說的是「靠曬陽光曬到我講的那個維他命濃度那也是不可能的」。也就是說，他非但沒說曬太陽最好，反而是說曬太陽是一條行不通的路。

　　第六點，讀者說：「我從沒聽過江醫師說 D3 能治癌」。又錯了，在那個被瘋傳的影片裡的 1 分 03 秒，有這麼一句話：「直接去治療癌症也很有效」。

　　第七點，讀者說：「請不要點斷章取義，並在別人辛苦研究（既有師承也非閉門造車）時能予以鼓勵而非攻擊」。首先，「斷章取義」是一個常用的貶義詞。但是，請您想想，除非把整篇文章完整拷貝，否則，要如何能不斷章取義呢？關鍵是在於「合不合理，公不公平」。我的文章是否公平合理，讀者自有公斷。至少，有位乳癌外科醫師在臉書上推薦我這篇文章〈維他命 D 抗癌迷思〉。他還跟他的臉書群組說，這才是維他命 D 的正確觀念，吃維他命 D 補充劑是危險的。

　　至於「辛苦研究」，請問，江醫師有做過維他命 D 補充劑

在人體的研究嗎？當然沒有。那，所謂的「辛苦研究」，又怎麼能讓他有資格鼓吹維他命 D 補充劑的種種好處？

全世界，沒有任何一個正統的醫療機構會建議一般人要天天吃高劑量的維他命 D 補充劑。可是，他不但在台灣的醫療八卦節目鼓吹，2018 年還出書鼓吹，書名是《一天一 D：維他命 D 幫你顧健康》。您說，像這樣一個為了名利而誇大扭曲醫學資訊的醫生，值得鼓勵？不應當被「攻擊」？

本書集結了我這幾年發表的數十篇維他命 D 文章，每一篇都有提供最新最可靠的醫學證據。如果還不夠，請您再讀一讀「美國癌症協會」（American Cancer Society）刊載的〈一天一顆維他命可以讓癌症遠離我們嗎？〉[2]。我把其中一句話翻譯如下：**吃維他命能預防癌症嗎？根據我們目前所知，答案是否定的。事實上，一些維他命補充劑已經顯示出傷害。**

維他命 D 中毒案例

在前一段文章發表後，署名 Yifen 的讀者回應：「這位江醫

師自己每天吃 2,000 單位，他應該也會自己監測血中濃度，他若活得好好的，到底大家在怕什麼？」

嗯⋯⋯如果我這樣回應 Yifen，讀者會覺得怎樣：「我從不吃維他命，但比那位醫師多活了二、三十年，那大家為什麼還要吃呢？更何況，我不需要像他那樣時常受苦抽血檢驗，但還是活得好好的啊。」當然，這種鬥嘴的話，不是我做為養生保健版主應當說的。所以，下面我就嚴肅地來談「維他命 D 中毒」。

首先，我請讀者看一封電郵。那是 2017 年 11 月署名 Patty 的台灣讀者寄給我的，摘錄如下：「哎⋯⋯門診中常遇到病人拿著某位上電視鼓吹大量吃維他命 D 醫師的演說或 FB 截圖來看診的，裡面好幾個出現維他命 D 中毒，停掉就好了。最近連自己家人都快被洗腦了⋯⋯我姪子幼稚園也開始吃（他挑食非常嚴重），只能說看病需要很大的緣分，感謝學長願意分享正確知識。」

再來，看一則 2017 年 3 月 12 日發表於英國《獨立報》的報導，標題是「補充劑中的『有毒』維他命 D 量的健康警告」[3]，

副標則是「未經證實的聲稱，維他命 D 可以治癒多種疾病，導致人們過量服用在網路購買的藥丸，專家表示⋯⋯」我把報導重點整理如下：

1. 根據英國「國家衛生服務」（National Health Service，NHS）實驗室的調查，數百英國人經常服用購買自網路的有毒劑量的維他命 D。該實驗室每週都會看到一兩個維他命 D 中毒的案例。

2. 英國國王學院教授蒂姆・斯佩克特（Tim Spector）說，維他命 D 通常的處方是每天 800 至 1,000 單位（因此每月 24,000 至 30,000 單位）。然而，**有兩項隨機試驗發現，一個月劑量只要是 40,000 至 60,000 單位，維他命 D 即成為危險物質。**

3. 斯佩克特又說，來自陽光的維他命 D 在我們的皮膚中緩慢轉化，而來自食物的維他命 D 也是緩慢代謝。然而，來自補充劑的大量維他命 D 可能導致非常不同且不可預測的代謝反應。

有關維他命 D 中毒的原因及症狀，有興趣的讀者請看附錄中 2011 年發表的臨床案例報告[4]。

林教授的科學養生筆記

· 維他命 D 通常的處方是每天 800 至 1,000 單位（因此每月 24,000 至 30,000 單位）。然而，有兩項隨機試驗發現，一個月劑量只要是 40,000 至 60,000 單位，維他命 D 即成為危險物質

大腸癌與維他命 D 的迷思

＃魚油、癌標誌、相關性、因果性

　　2017 年 9 月，有位讀者用臉書和我討論她母親大腸癌治療的情況，她說：「在查資料時，看到您的網站曾感到很迷惘。因為五月看到江醫生強力宣導維他命 D 的好處，拉高體內濃度，比較不會復發。我也問了江醫生可否吃魚油，因網上有說魚油會影響化療效果的研究，他說可以吃。於是五月中託朋友帶魚油和維他命 D（1,000 單位）回去給媽媽吃。後來又看到江醫生說癌症病人建議 2,000 單位起跳，於是又託先生 7 月回去時帶給媽媽，還有舞茸 D-fraction（也是網路反覆查找看到應該對媽媽有幫助的輔助營養品）我八月初回去又帶了朋友給的硒酵母、蝦紅素還有薑黃素。」

預防癌症，不應依賴補充劑

所以，她的迷惘主要是因為「看到江醫生強力宣導維它命D的好處」，然後卻又看到我在許多文章裡質疑維他命D的抗癌功效。為了能給這位讀者直接與大腸癌有關的資訊，我就用中文做搜尋，找到 2017 年 5 月 15 日聯合晚報刊載的「譚敦慈談婆婆：這樣做，對抗大腸癌三十年」。其中重點摘錄如下：

譚敦慈表示，林杰樑的母親、她婆婆亦是大腸癌患者，至今已有三十年病史，發現罹癌時已經是 3B 期，經過治療後，配合清淡均衡飲食，加上適當運動，相信醫師、不接受任何偏方和保健食品，就算在接受化療期間不舒服，仍會盡可能什麼都吃，讓營養均衡、維持體力，到現在仍健康生活。……她也舉表妹婿的例子，在二十多歲時罹患大腸癌，同樣遵循醫囑治療，同樣重拾健康人生。

我把這篇文章傳給那位迷惘的讀者。她回覆說，之前已經

看過此文，而她也已決定讓母親慢慢減少服用保健品。可同時
她又說：「您知道營養功能醫學嗎？聽說可以從血液中檢測到你
缺乏哪些營養素，進而來調整，您的看法呢？」

　　檢測到缺乏哪些營養素，進而調整？我想，為了避免冗長
的討論，我們就用維他命 D 做例子好了。首先，我可以肯定地
說，沒有人知道什麼叫做「維他命 D 正常值」。不信的話，請
複習本書 53 頁，裡面解釋了兩篇綜述論文，標題分別是「維他
命 D 補充：少點爭議，需要更多指導」[1] 和「關於維他命 D 參
考範圍：維他命 D 測量的預分析和分析變異性」[2]

　　那，既然不知道什麼是正常值，怎麼能知道要補充多少？
再來，縱然有所謂的「維他命 D 過低」，那你怎麼知道是「疾
病引起維他命 D 過低」，還是「維他命 D 過低引起疾病」？如
果是「疾病引起維他命 D 過低」，那你是應該補充維他命 D，
還是應該先把疾病治好？

　　最後，我必須再度強調，維他命 D 不是維他命，而是跟男
性荷爾蒙及女性荷爾蒙一樣的類固醇荷爾蒙。請問，你可以隨
便購買和補充男性荷爾蒙或女性荷爾蒙嗎？那為什麼你卻可以

隨便買和補充維他命 D ？為什麼私自購買男性荷爾蒙或女性荷爾蒙是非法，但私自購買維他命 D 卻受到鼓勵？最後的最後，請讀者再次複習「世界癌症研究基金會」的建議：「為了預防癌症，我們應該透過一般飲食來滿足營養需求，而不應依賴補充劑。」[3]

維他命 D 抗癌的「相關」或「因果」

2018 年 7 月，讀者魏先生寄來電郵，摘錄如下：「林教授好，關於維生素 D 的說法，這篇文章跟您的說法似乎是顛倒的。現在網路訊息紛雜，實在令大眾混亂，敢請教授釋疑，感謝。」讀者提供的連結是 2018 年 7 月 25 號發表在《健康遠見》，作者是潘懷宗，標題是「研究證實：體內較高濃度維生素 D，大幅降低大腸癌風險」[4]。

首先，這篇文章的標題實在是「令人遺憾的」，因為它給人的印象是「吃維他命 D 補充劑可以大幅降低大腸癌風險」，但

這與事實完全不符。再來，我也要指出，這篇文章所提到的研究，在一個半月前早就已經被廣泛報導。例如《自由時報》在 2018 年 6 月 15 號就發表了文章，標題是「美研究：身體維持較高濃度維生素 D 得大腸癌風險降 31％」[5]。

不管如何，文章裡所提到的研究是在 2018 年 6 月發表，標題是「循環中的維他命 D 和大腸癌風險：17 個隊列組成的國際匯集項目」[6]，其結論是：較高的循環 25- 羥基維他命 D 與女性大腸癌風險有顯著統計學意義，但與男性大腸癌風險沒有顯著統計學意義。降低大腸癌風險的最佳 25- 羥基維他命 D 濃度為 75-100 nmol/L，這似乎高於目前醫學研究院的建議。

從這篇論文的標題和結論就可看出，這個研究與服用維他命 D 補充劑，毫不相干。它純粹只是在調查血液中維他命 D 的濃度與大腸癌風險的「相關性」。所謂「相關性」，就只是「相關」，並沒有「因果」的含義。「維他命 D 濃度較低」與「大腸癌風險較高」，只是「相關」，而不是前者造成後者。更不是「吃維他命 D 補充劑」就會「降低大腸癌風險」。

目前醫療機構並不推薦用維他命 D 預防大腸直腸癌

事實上，「血中維他命 D 濃度較低」有可能是因為病人患了大腸癌（或其他任何癌）的關係。也就是說，是癌症導致病人無法攝取或合成足夠的維他命 D。所以，在這種情況下，醫生應該是要幫助病人恢復攝取及合成維他命 D 的能力，而不是叫病人吃維他命 D 補充劑。請注意，這個研究的主持人麥可洛博士（Dr.McCullough）就這麼說：「目前醫療機構並不推薦使用維他命 D 預防大腸直腸癌」。

還有，在這個研究發表的當天（2018 年 6 月 14 號）美國癌症協會也發表一篇文章，標題是「維他命 D 水平與較低的大腸癌風險關聯」[7]，其中一個「如何獲得維他命 D」的小標提到：攝取過多的維他命 D，例如服用高劑量的補充劑，會是有害的。另外，它也說，該研究不建議服用高劑量的補充劑，也不建議人們需要血檢他們的維他命 D。

事實上，**全世界的醫療機構都不推薦使用維他命 D 來預防**

任何癌症（因為它沒有預防效果），也沒有任何醫療機構要一般人做維他命 D 血檢來預防任何癌症（因為維他命 D 濃度不是「癌標誌」）。

　　同樣無可爭議的是，絕大多數「維他命 D 與癌風險」的研究只是在找它們之間的相關性，而真正探討「吃維他命 D 補充劑是否會降低癌風險」的研究所得到的結論是「吃維他命 D 補充劑不會降低癌風險」（請看下一篇文章）。最後，請讀者務必要能分辨什麼是「相關性」，什麼是「因果性」。如此，就不會被有心人士誤導。

 林教授的科學養生筆記

· 全世界的醫療機構都不推薦使用維他命 D 來預防任何癌症，也沒有任何醫療機構要一般人做維他命 D 血檢來預防任何癌症

· 世界癌症研究基金會建議：「為了預防癌症，我們應該透過一般飲食來滿足營養需求，而不應依賴補充劑。」

· 真正探討「吃維他命 D 補充劑是否會降低癌風險」的研究所得到的結論是：吃維他命 D 補充劑不會降低癌風險

維他命 D 抗癌？科學證據打臉 (上)

#直腸癌、癌症存活率

　　署名 Roger 的讀者在 2018 年 6 月提出維他命 D 的疑惑，並附上十個影片連結，然後說：「請提供些許建議，單純討論看法」。我沒有去看影片，因為我猜得出是鼓吹大眾要吃維他命 D。畢竟，絕大多數談論維他命 D 的文章和影片都是鼓吹要補充，因為這樣才有錢賺。

　　但，關鍵在於「維他命 D 抗癌治癌」，到底是有多少科學根據？我在 2018 年 6 月再次搜索 PubMed 公共醫學圖書館。我是用「維他命 D」及「癌症」搜索標題，以及用「補充劑」（supplementation）搜索標題和摘要，結果共搜出 177 篇論文，發表的年份從 1992 到 2018 年。

1992 到 2018 年，維他命 D 抗癌實驗慘敗

我閱讀這 177 篇論文的標題及摘要，發現其中有十篇是臨床試驗的報告，三篇是分析臨床試驗的報告，而其餘的都不算是真正的臨床研究報告（如動物實驗或抒發意見）。請注意，這篇文章只探討「維他命 D 補充劑是否有抗癌功效」。至於癌症病患的血檢維他命 D 水平是高或低，不在考慮範圍。我把這十篇臨床試驗和三篇分析報告的標題及結論整理如下：

一、2018 年論文，標題是「癌症和維他命 D 補充：系統評價和薈萃分析」[1]。結論：我們沒有發現證據表明單獨補充維他命 D 可以降低癌症或癌症死亡率，即使在包括長期隨訪結果之後。

二、2018 年論文，標題是「轉移性結直腸癌的存活以及維他命 D 補充」[2]。結論：在標準化療兩年期間每天添加 2,000 單位維他命 D，沒有顯示出總體存活或無進展存活的益處。

三、2017 年 JAMA 論文，標題是「維他命 D 和鈣補充對老年婦女癌症發病率的影響：隨機臨床試驗」[3]（第一作者是

Lappe，請看 108 頁解釋）。結論：與安慰劑相比，補充維他命 D3 和鈣沒有導致四年時所有類型癌症風險的顯著降低。

四、2017 年論文，標題是「在婦女健康方案中停經婦女補充鈣和維他命 D 與肺癌發生率」[4]。結論：在整個追訪期間，補充鈣和維他命 D 並不能降低停經婦女的肺癌發生率。

五、2015 年論文，標題是「診斷前補充維他命 D 對女性癌症存活率的影響：英國臨床實踐研究數據鏈中的群體研究」[5]。結論：我們沒有發現任何證據表明補充維他命 D 與癌症婦女的生存率有關。

六、2014 年論文，標題是「維他命 D 補充預防成人癌症」[6]。結論：目前還沒有確鑿的證據表明，維他命 D 補充劑能減少或增加老年社區居住婦女的癌症發生率。

七、2014 年論文，標題是「維他命 D 補充劑和癌症發生率和死亡率：薈萃分析」[7]。結論：持續二到七年的時間，維他命 D 補充劑對癌症總發生率影響不大。

八、2013 年論文，標題是「補充維他命 D 和乳癌預防：隨機臨床試驗的系統評價和薈萃分析」[8]。結論：使用維他命 D 似

乎與停經婦女乳癌發展的風險降低無關。

九、2011 年論文，標題是「維他命 D 水平的預後作用和補充維他命 D 在癌症患者中的療效：系統評價」[9]。結論：補充維他命 D 未能證明對攝護腺癌病患有益。目前的證據不足以在臨床實踐中推薦癌症患者補充維他命 D。

十、2011 年論文，標題是「補充鈣和維他命 D 以及非黑色素瘤和黑色素瘤皮膚癌的風險：對婦女健康方案隨機對照試驗的事後分析」[10]。結論：以相對低劑量加鈣的維他命 D 補充劑不能降低非黑色素瘤或黑色素瘤的總體發病率。

十一、2008 年論文，標題是「鈣加維他命 D 補充劑和乳癌的風險」[11]。結論：補充鈣和維他命 D 並不能降低停經婦女的侵入性乳癌發病率。

十二、2007 年論文，標題是「維他命 D 和鈣補充劑降低癌症風險：隨機試驗的結果」[12]（第一作者是 Lappe，請看 108 頁解釋）。結論：改善鈣和維他命 D 的營養狀況大大降低了停經婦女的總癌症風險。

十三、2006 年論文，標題是「鈣加維他命 D 補充劑和結直

腸癌的風險」[13]。結論：在七年期間每天補充鈣和維他命 D 對停經婦女結直腸癌的發病率沒有影響。

從以上十三篇論文可以看出，十二篇說維他命 D 沒有抗癌功效，而唯一說有功效的是 2007 年的那一篇。但縱然是這一篇，也有待商榷。它的第一作者是 Lappe，而此人也是第一篇 2017 年論文的第一作者。可是這篇 2017 年的論文卻說維他命 D 沒有抗癌功效。所以，既然 2007 年那篇是唯一與眾不同的，它的結論也就值得懷疑。

不管如何，就算是十二比一，也可以說是一面倒了吧。那您是要相信網路流言一面倒地叫大眾要吃維他命 D 防癌，還是要相信科學證據一面倒地說吃維他命 D 無助於防癌？

吃維他命 D 補充劑沒有降低癌症風險

前文發表後不到三個禮拜（2018 年 7 月），又有一個調查維他命 D 是否抗癌的大型臨床報告，標題是「每月高劑量維他命

D 補充與癌風險」[14]，結論是吃維他命 D 補充劑不會降低癌症風險。本報告發表於《JAMA 腫瘤學》（JAMA Oncology），由來自紐西蘭奧克蘭大學的團隊主導，其他參與的研究人員分別來自英國劍橋大學、紐西蘭奧塔哥大學（University of Otago）以及哈佛大學的三個系所。

接受調查的對象是紐西蘭奧克蘭地區的居民，共 5,108 人，平均年齡是 66 歲（50 到 84 歲），男性佔 58%。他們在 2011 年 4 月 5 號到 2012 年 11 月 6 號期間被隨機分配成兩組，一組（2,558 人）吃維他命 D 補充劑，另一組（2,550 人）則吃安慰劑。調查人員和調查對象都不知道誰吃了維他命 D 補充劑，這也就是所謂的雙盲試驗。

維他命 D 補充劑的劑量是第一個月 20 萬單位，之後的每個月 10 萬單位，共持續 2.5 到 4.2 年（平均 3.3 年）。血液檢查顯示，吃維他命 D 補充劑的人，其血中維他命 D 的濃度在 48ng/ml 到 54ng/ml 之間，這樣的數值比吃安慰劑的人高出 20ng/ml 以上。

至於接受調查的人是否患有癌症，是根據紐西蘭衛生部的

全國人民健康資料。從這份癌症資料來解盲的結果是，在 2015 年 12 月 31 號調查截止時，所有接受調查的 5,108 人裡，共有 328 人患有癌症，而其中 165 人是在吃維他命 D 補充劑這一組，另外 163 人則是在吃安慰劑這一組。也就是說，吃維他命 D 補充劑沒有降低癌症風險。這樣的結果與絕大多數過去同一性質的調查是一致的。

 林教授的科學養生筆記

· 1992 年到 2018 年的十三篇論文可以看出，其中十二篇說維他命 D 沒有抗癌功效，而唯一說有功效的是 2007 年的那一篇。但縱然是這一篇，也有待商榷

· 紐西蘭衛生部的人民健康資料調查的 5,108 人裡，共有 328 人患有癌症，其中 165 人是在吃維他命 D 補充劑這一組，另外 163 人則是在吃安慰劑這一組。也就是說，吃維他命 D 補充劑沒有降低癌症風險

維他命 D 抗癌？科學證據打臉 (下)

#乳癌、血液檢測、中毒

在上一篇文章中，我回應了讀者 Roger 的提問，並列舉了十三篇有關服用維他命 D 補充劑，是否有助於抗癌的分析報告和臨床試驗，而其結果是十二比一，維他命 D 慘敗（十二篇說沒幫助，只有一篇說有幫助）。

之後，Roger 又寄來十一個回應，內容都是「極具挑戰性的字句」，和他認為足以證明我不對的文章或影片。本文就是繼續回應 Roger 的後續提問。首先，是他提供的一支 Youtube 影片，標題是「乳癌病友該一天一（維他命）D 嗎 -6 維他命 D ～抗乳癌秘密武器」[1]，Roger 質問我：「台中衛福部血液腫瘤科醫師座談會難道有假？這些數據、發表於國際醫療會刊和乳癌臨床醫

學院的研究也是仿冒？」

維他命 D 抗癌，是思想大躍進

　　我們來看看 Roger 所說的研究到底是怎麼回事。它是一篇發表於 2015 年的論文，標題是「HER2＋非轉移性乳腺癌患者輔助化療期間補充維他命 D 相關的臨床結局有所改善」[2]。這個研究是以回顧性的分析（事後調查）來檢視維他命 D 補充劑對化療中 HER2 陽性乳癌病患的影響（註：HER2 陽性乳癌佔所有乳癌中的 20%）。調查的對象總共有 246 人，而其中的 134 人被歸類為服用維他命 D 補充劑，另外的 112 人則被歸類為沒有服用維他命 D 補充劑。

　　結果，就五年的無病性存活率而言，服用維他命 D 補充劑的這一組是 69.2%，而沒有服用維他命 D 補充劑的這一組則是 48.3%。可是，就整體存活率而言，服用維他命 D 補充劑的這一組是 95.4%，而沒有服用維他命 D 補充劑的這一組則是 88.9%。也就是說，服用維他命 D 補充劑對五年的無病性存活率

提升了 21%，而對整體存活率幾乎是沒影響。

值得注意的是，研究人員在論文中表白，這項研究具有兩大缺陷：一是樣本量太小，僅僅是 134 人對 112 人，所以統計數據的可信度有限；二是由於維他命 D 補充劑不是隨機給予病患，因此可能出現選擇偏頗，也就是說，預後較好的患者較有可能接受維他命 D 補充劑，而反之亦然。

再來，關於 Roger 寄來的第二個資訊，他的附加語句是：「難道台灣癌症基金會、美國癌症協會，沒有真實資料佐證會發表誤導民眾的文章？」這個資訊是發表在台灣癌症基金會網站的一篇文章，標題是「維他命 D 和乳癌預後之相關性」[3]。本文沒有註明日期，但有註明資料來源是美國癌症協會。所以，我就到「美國癌症協會」的網站搜索，結果沒有找到原始資料。但我後來在 PubMed 公共醫學圖書館，找到這篇文章所提起的那篇研究論文。

該論文是發表於 2009 年，標題是「25- 羥基維他命 D 水平對早期乳腺癌的預後影響」[4]，此研究純粹是在調查血中維他命 D 濃度與乳癌預後之相關性。所以，引用它來證明維他命 D 補

充劑具有抗癌功效，實在是思想大躍進。

　　事實上，在「台灣癌症基金會」的那篇文章裡的第一段就這麼說：有關維他命 D 和乳癌的相關性，需要更多的研究來證實，專家也警告勿因此而過度攝取維他命 D 的補充品。更難能可貴的是，文章還提供了一個「維他命 D 也許是有害」的小節，引述如下：「維他命 D 過量可能導致噁心、嘔吐和虛弱，而增加血液中的鈣含量，有可能導致精神混亂、心率的異常、鈣質沉澱於腎臟或其他組織。作者之一的古德溫（Goodwin PJ）在她的研究中也指出，太多的維他命 D 可能增加乳癌病患的死亡風險。」

　　我們再來看 Roger 寄來的第三個資訊，附加語句是：「《婦癌醫學期刊》相關醫師聯名報導也是無憑據嗎？」這個資訊出處是「華藝線上圖書館」，由四位台灣醫師署名，發表在 2016 年 10 月《婦癌醫學期刊》的論文摘要，標題是「維生素 D 與癌症的檢視」[5]。該摘要結尾這麼說：「補充維生素 D 在經濟上和安全上，可減少這類癌症的發生，並改善其治療的結果。」

　　這句話當然給了 Roger 強而有力的支持。不過很抱歉，《婦

癌醫學期刊》僅在台灣發行，不具國際地位，所以上面所刊載的論文當然也就不具國際地位。反過來說，我在 105 頁裡所提供的十三篇論文都是具有國際地位，而其中十二篇都說維他命 D 補充劑不具抗癌功效。所以，如果您選擇相信台灣期刊的這篇論文，那我也就只能說予以尊重。而且，這篇台灣的論文很顯然也是思想大躍進，也就是把維他命 D 濃度跳躍成維他命 D 補充劑具有抗癌功效的證明。

維他命 D 抗癌的錯誤解讀

讀者 Roger 對於以上文章，又做了一系列的回應，其中三個是把我痛罵一頓，再附上另外三篇網路連結文章，我們先來看第一篇，標題是「問與答：群眾募資臨床試驗」[6]，本文發表在哈佛大學公共衛生學院的網站，沒有註明發表日期，但從網頁可判斷發表於 2017 年。這篇文章是說一位名叫吳金米（Kimmie Ng，音譯）的醫生如何利用「眾籌平台」（Crowdfunding Platform），募得兩萬五千美元，來資助她的臨床調查。文章裡

也有提到，該臨床調查發現，服用高劑量維他命 D 的大腸癌病患有較高的存活率。

第二篇文章是在 2018 年 6 月 15 號發表在《自由時報》，標題是「美研究：身體維持較高濃度維生素 D 得大腸癌風險降 31%」[7]，全文拷貝如下：

美國哈佛大學公共衛生學院發布在美國《國家癌症研究所》期刊最新研究指出，人體內的維生素 D 若維持在較高濃度狀態，罹患大腸直腸癌的風險將降低 31%；食用鮭魚、牛乳、雞蛋能攝取到維生素 D，適度曬太陽也可自行合成維生素 D。

根據《每日郵報》報導，哈佛大學公共衛生學院研究維生素 D 與大腸直腸癌之間的關聯，分析逾 5,700 病患案例，並用 7,100 名無癌受試者做為對照，發現缺乏攝取維生素 D 的人們，在五年的追蹤研究期間，罹患大腸直腸癌的機率多出 31%。

研究作者、美國癌症協會流行病學家麥卡克勞（Marji L. McCullough）博士指出，「目前醫療機構並不推薦使用維生素 D 預防大腸直腸癌」，他表示，這項研究提供新資訊供醫療研究參

考，可將維持骨骼健康的維生素 D 建議濃度，同時視為預防大
腸直腸癌的最佳濃度。

　　這篇自由時報文章所提到的研究，其論文是發表於 2018 年
6 月 14 號，標題是「循環中的維他命 D 和大腸癌風險：由 17
個隊列組成的國際匯集項目」[8]，結論是：「較高的循環 25- 羥基
維他命 D 與女性大腸癌風險有顯著統計學意義，但與男性大腸
癌風險沒有顯著統計學意義。降低大腸癌風險的最佳 25- 羥基維
他命 D 濃度為 75-100nmol/L，這似乎高於目前醫學研究院的建
議。」

　　從論文的標題和結論就可看出，這個研究與服用維他命 D
補充劑，毫不相干。它純粹只是在調查，血液中維他命 D 的濃
度與大腸癌風險的相關性。還有，請注意，自由時報文章裡的
第三段的第一句話：「研究作者、美國癌症協會流行病學家麥卡
克勞（Marji L. McCullough）博士指出：目前醫療機構並不推薦
使用維生素 D 預防大腸直腸癌。」

　　還有，請讀者也別漏掉文章第一段的最後一句話：「食用鮭

魚、牛乳、雞蛋能攝取到維生素 D，適度曬太陽也可自行合成維生素 D」。也就是說，不論是研究論文本身，還是《自由時報》的報導，都沒有提到服用維他命 D 補充劑與大腸癌風險有任何關聯。這幾篇甚至於是在告訴大家，應該從飲食和曬太陽來攝取維他命 D。

　　好，我們現在來看 Roger 所提供的第三篇文章，他同時附上這句話：「原來美國癌症協會，國際組織研究發表的結果也是謬誤。這種大型臨床數據原來是假的！」這篇文章是在 2018 年 6 月 14 號，發表於「美國癌症協會」（American Cancer Society）的網站，標題是「維他命 D 水平與較低的結直腸癌風險有關」[9]。本文跟《自由時報》那篇文章一樣，是在報導上面所提到的 2018 年 6 月 14 號發表的那個研究。

　　在這篇文章裡有一個「如何獲得維他命 D」（How to get vitamin D）的小標題，裡面說，攝取過多的維他命 D，例如服用高劑量的補充劑，會是有害的。另外也提到，該研究不建議服用高劑量的補充劑，也不建議人們用血液檢測維他命 D 水平。

　　綜合以上，結論就是：「美國癌症協會」和國際組織研究發表的結果，都沒有謬誤，真正有謬誤的，是讀者的解讀。

 林教授的科學養生筆記

· 食用鮭魚、牛乳、雞蛋能攝取到維他命 D，適度曬太陽也可自行合成維生素 D

· 攝取過多的維他命 D，例如服用高劑量的補充劑，會是有害的。另外，該研究不建議服用高劑量的補充劑，也不建議人們用血液檢測維他命 D 水平

2-6

2019，維他命 D 實驗大失敗的一年

#食道癌、糖尿病、心臟病、尿道結石

維他命 D 補充劑又輸了

前面兩篇文章，我列舉了 1992 年到 2018 年的十三個科學實驗和論文，來告訴讀者，號稱維他命 D 抗癌和其他療效的這一派，在這二十六年的全面慘敗（比數是 12：1）。而維他命 D 的劣勢，在 2019 年並未逆轉，反而輸得更加徹底。2019 年 4 月，《JAMA：美國醫學會期刊》發表了三篇與維他命 D 補充劑相關的論文，標題分別是：「補充維他命 D 對消化道腫瘤患者無復發生存的影響」[1]、「高劑量或標準劑量維他命 D3 補充對晚期或轉移性結直腸癌患者無進展生存的影響」[2]、「維他命 D 治癌？」[3]。

　　第一篇論文是在報導一項調查 417 位消化道腫瘤（從食道癌到直腸癌）患者的存活率。在手術治療後，其中的 251 位患者每天服用 2,000 單位的維他命 D 補充劑，另外 166 位患者則服用安慰劑。結果，這兩組病患的存活率並無差別。但是，諷刺的是，服用維他命 D 補充劑的那一組有兩位患者出現尿道結石。

　　第二篇論文是在報導一項調查 139 位晚期結直腸癌患者的存活率。在化療後，其中的 69 位患者每天服用 8,000 單位的維他命 D 補充劑，另外 70 位患者則服用 400 單位的維他命 D 補充劑。結果，這兩組病患的存活率僅有些微差別（13 個月對 11 個月）。

　　第三篇論文是編輯委員對這兩項臨床試驗的評論。從這篇論文標題裡的問號，就可以看出，編輯委員們對所謂的維他命 D 治癌，抱持懷疑。所以，我就很簡短地把這篇論文的第一段翻譯如下：

　　在過去的三十年中，我們已經大量探索了營養補充劑在預

防癌症中的應用。儘管看起來有強烈的觀察性證據，但是，維他命 A（β-胡蘿蔔素）、維他命 C、維他命 E、硒和葉酸的隨機臨床試驗，均未能證明它們對癌症有預防效果。尤其是在結直腸癌方面，我們已經進行了相當詳細的研究，但是，所有的試驗還都是以失敗收場。

這篇論文接下來說，如今這兩項新的臨床試驗，又再度證明維他命 D 補充劑無效。我想，大多數讀者應當都知道，我已經提供了大量的醫學文獻來佐證維他命 D 補充劑之無用。就癌症而言，說有益的論文僅有一篇，而說無用的論文至少有二十篇。這樣懸殊的比數，為什麼大眾偏偏要為慘敗的那一隊歡呼呢？

2019 對維他命 D 來說不是一個好年

加拿大麥基爾大學（Mcgill University）的健康網站 2019 年 11 月 15 號發表一篇文章，標題是「維他命 D 不好的一年」[4]。

我將本文翻譯如下：

　　曾有一段時間，每個人都在服用維他命 D，想預防從心臟病到癌症的所有疾病。但是正如一位編輯最近所說：「然後進行了隨機試驗」。實際上，2019 年對於維他命 D 來說並不是一個好年頭，因為本年發表的許多臨床試驗都是負面的。

　　首先，對來自 21 個隨機試驗的 83,000 人進行的《JAMA 心臟病學》薈萃分析發現，維他命 D 不能降低心血管疾病、心臟病發作或死亡的風險。

　　就癌症風險而言，一項大型的 VITAL 研究今年一月發表在《新英格蘭醫學期刊》上。該研究表明維他命 D 不能預防乳腺癌、攝護腺癌或結腸癌，也不能預防癌症死亡。在 4 月份，AMATERASU 隨機試驗對 417 例胃腸道癌患者進行了研究，發現給他們服用維他命 D 並不能提高五年生存率。

　　到了夏天，D2d 研究的發表顯示，維他命 D 並不能降低糖尿病前期患者患糖尿病的風險。此外，一篇研究論文還提供了丹麥一項研究的六年隨訪數據，證明孕婦服用維他命 D 並不會

降低其子女患哮喘的風險。最後，最近發表的 VITAL-DKD 研究，發現維他命 D 不能幫助維持糖尿病患者的腎臟功能。

因此，儘管維他命 D 在促進骨骼健康方面起著一定作用，它在許多非骨骼方面的益處卻令人懷疑。您可能會問，為什麼許多研究在一開始會如此具有啟發性，但後來卻如此消極。這是因為許多研究只是相關性的研究，也就是，它們發現血液中維他命 D 水平低的人罹患癌症、心臟病等的機率比較高。因此，認為維他命 D 缺乏是這些疾病的誘因是很合理。但是，現在似乎已經很明顯，其實是其他因素在起作用。

例如，患有癌症或關節炎等慢性疾病的人可能飲食不健康，因此維他命 D 的血液水平較低。他們也可能因為生病而太少出門。在通常被稱為「反向因果關係」的情況下，並不是維他命 D 缺乏使人生病，而是因為生病的人較容易出現維他命 D 缺乏。

維他命 D 的故事就是一個很好的例子，說明了為什麼有必要進行隨機試驗以證明某些事情在我們花費數百萬（甚至數十億）美元用於特定治療之前確實有效（不過不幸的是，每年數

十億美元是白花了）。對於年終審查可能還為時過早，而我也不認為大多數人會記得 2019 年是維他命 D 熱潮結束的一年。但是對於那些非出於確切醫療原因而服用維他命 D 的人，也許這是您在 2020 年不再需要服用的一種藥。

 林教授的科學養生筆記

· 患有癌症或關節炎等慢性疾病的人可能飲食不健康，因此維他命 D 的血液水平較低，他們也可能因為生病而太少出門。在通常被稱為「反向因果關係」的情況下，並不是維他命 D 缺乏使人生病，而是因為生病的人較容易出現維他命 D 缺乏

Part 3
維他命 D 與其他疾病的關係

除了可以抗癌的神話，維他命 D 還被傳說有護骨、
抗憂鬱、防老人癡呆、控制血糖、自律神經失調、
護心之類的神話……都是真的嗎？

維他命 D 護骨，實證無效

#鈣、肌肉骨骼

鈣或維他命 D 補充劑，無法降低骨折發生

2017 年 12 月 26 號發行的《JAMA：美國醫學會期刊》刊載一篇研究報告，標題是「社區居住長者鈣或維他命 D 補充與骨折發生率的關係：系統性回顧和統籌分析」[1]。此一研究報告是將歷年來，一些較可靠的臨床研究報告做一統籌分析。這些歷年來的臨床研究報告，除了要有可靠的研究方法之外，還需要是針對五十歲以上的社區居住者所做的調查。符合這些條件的臨床研究報告，從 1983 年 5 月 1 日，到 2017 年 7 月 16 日，共有 33 篇，所涵蓋的調查對象共有 51,145 人。

　　這五萬多名調查對象被隨機分配為四組，分別是：1.吃鈣補充劑，2.吃維他命 D 補充劑，3.同時吃鈣及維他命 D 補充劑，4.沒吃補充劑。

　　分析的結果是：不論調查對象是男或女，不論調查對象血清維他命 D 水平之高低，以及不論調查對象所補充的劑量（鈣或維他命 D，或兩者同時），他們骨折的發生率，都沒有統計學上的差別。基於這樣的結果，研究人員的總結是：不支持給社區居住長者補充鈣或維他命 D。

　　眾所皆知，鈣和維他命 D，原本就只是被認為對骨頭很重要。但是，現在它們已經被神化，說是對全身所有器官都很重要，甚至於對各種癌症都有預防和治療的功效。如今，**這篇最新的大型分析報告，清清楚楚地告訴我們，鈣和維他命 D 補充劑，連最基本的護骨功能都成問題。那，您還相信它們抗癌治癌的神話嗎？最後強調，本文並非在質疑「鈣和維他命 D」在生理上的重要性，而是要說「鈣和維他命 D 補充劑」對健康是無益的。**

2018 年《柳葉刀》大型報告：維他命 D 護骨無用

2018 年 10 月，頂尖的醫學期刊《柳葉刀》（Lancet）發表一篇大型分析論文，標題是「維他命 D 補充對肌肉骨骼健康的影響：系統評價、薈萃分析和試驗序貫分析」[2]。這篇論文分析了所有已經發表的，關於維他命 D 護骨功效的臨床試驗，我把重點整理如下：

到 2018 年 2 月 26 為止，共有 81 個臨床試驗符合嚴格的分析條件，也就是說，它們都是隨機試驗並有安慰劑對照組。這 81 個臨床試驗共涵蓋 53,537 位受測人士。結果發現，服用維他命 D 補充劑，不論是高劑量或低劑量，對總骨折率、髖部骨折率、跌倒風險或骨頭密度（任何部位）都沒影響。研究人員（三位教授醫生）建議，應該修改現有臨床指南，使其不再建議人們使用維他命 D 補充劑來維持或改善肌肉骨骼健康。

您也許知道，有很多醫生、藥劑師、營養師和養生專家等

等，信誓旦旦地鼓吹維他命 D 的萬能功效，而其中「護骨」這一項可以說是他們最起碼的底線。那，您看到這篇論文後，還會相信什麼維他命 D 抗癌、抗憂鬱、防老人癡呆、控制血糖、降血壓、減肥、護心之類的神話嗎？

還有，如果您感到很困惑，為什麼這些「專家」會鼓勵我們吃維他命，為什麼這麼多人會對維他命或其他各種補充劑樂此不疲，那就請看長庚大學張淑卿主任寫的文章，標題是「專業知識、利益與維他命產業」。我把其最後一段摘錄如下：

不論你自己是否有吃維他命的習慣，這顆小藥丸的背後，不只是維他命這項科學知識的呈現。科學研究者利用它成就自己的研究，藥事人員與醫生藉它提高自己的專業地位，廣告業者利用它誘使消費者購買產品，藥廠因此建立豐厚的產業，消費者也藉由是否服用維他命來顯示對自身健康的掌握。在這些情況下，維他命的故事還會繼續下去，我們早餐後服下維他命丸之時，就是科學研究影響我們生活的寫照吧。

2019 年 JAMA 論文：高劑量維他命 D 會降低密度骨質

《JAMA：美國醫學會期刊》在 2019 年 8 月 27 日發表「高劑量維他命 D 補充對體積骨密度和骨強度的影響」[3]，我把第一和第三段翻譯如下：

維他命 D 補充劑被認為有益於預防和治療骨質疏鬆症。臨床試驗數據支持維他命 D 補充對維他命 D 水平低於 30nmol/L 的人的骨骼益處。然而，最近的薈萃分析不支持維他命 D 對骨質疏鬆症或預防跌倒或骨折的主要治療益處。大多數補充維他命 D 的建議劑量是每日 400 至 2000 國際單位（IU），而可接受的上限為 4,000 IU 至 10,000 IU。根據調查，在 2013 年至 2014 年期間，3％的美國成年人每日服用至少 4000 IU 的維他命 D。可是，一項研究卻發現 6500 IU 對骨密度（BMD）的影響與 800 IU 並無差異。

鑑於健康成年人補充大劑量維他命 D 的普遍現象，本研究

探討了每日維他命 D 補充（400、4000、10000 IU）超過三年對健康社區居民的骨密度和骨強度的效應。我們的預期是，高劑量維他命 D 會對骨密度和骨強度有正面的效應。

這項研究是在 2013 年 8 月至 2017 年 12 月在加拿大卡爾加里（Calgary）進行的雙盲隨機臨床試驗，而對象是 311 名沒有骨質疏鬆症的社區居住健康成人（男 165，女 146），年齡 55 至 70 歲。其中 109 人每日服用 400 IU 的維他命 D3，另外 100 人則每日服用 4,000 IU，其餘 102 人則每日服用 10,000 IU。結果是：

1. 在前臂橈骨骨密度的部分，服用 400 IU 的人平均減少 1.2%，服用 4,000 IU 的人平均減少 2.4%，而服用 10,000 IU 的人則平均減少 3.5%

2. 在小腿脛骨骨密度的部分，服用 400 IU 的人平均減少 0.4%，服用 4,000 IU 的人平均減少 1.0%，而服用 10,000 IU 的人則平均減少 1.7%

3. 在骨強度方面，服用維他命 D 補充劑的人也出現下降的

趨勢，但沒有達到統計學上的顯著意義。

過多維他命 D 可能會危害骨頭，而不是幫助

　　這篇論文發表後約三個月，哈佛大學的網站就發表了文章，標題是「過多維他命 D 可能會危害骨頭，而不是幫助」[4]，其中引用哈佛大學醫學院曼森醫師的說法：「維他命 D 和鈣對骨骼健康至關重要，但高劑量的維他命 D 非但不能為骨骼帶來益處，反而可能有害」。文章結尾說：「盡可能地從食物來攝取維他命 D，而不是服用補充劑」。

　　我在前面說過：補充維他命 D 不會增加骨密度，也不會減少骨折，並提供了大量的醫學文獻來佐證維他命 D 補充劑之無用，如今這項研究更指出補充維他命 D 會降低骨密度，那您還要繼續堅持嗎？還半信半疑的讀者，可以翻到本書 198 頁〈維他命和礦物質補充劑，無益有害〉，解釋了更多維他命 D 和鈣質補充劑不僅無效，還對人體有害。

林教授的科學養生筆記

· 服用維他命 D 補充劑，不論是高劑量或低劑量，對總骨折率、
  髖部骨折率、跌倒風險或骨頭密度都沒影響

· 鈣和維他命 D 補充劑，連最基本的護骨功能都成問題。那，您
  還相信它們抗癌治癌的神話嗎？

3-2
防止骨質疏鬆最有效的方法

\#運動、鈣片、維他命 D、補充劑

TVBS 報導的錯誤澄清

　　我在 2018 年 10 月 6 號發表文章，評論 2018 年《柳葉刀》的大型報告「維他命 D 補充對肌肉骨骼健康的影響」後（第130 頁），10 月 15 號 TVBS 新聞報導了一則新聞，標題是「白吃！？知名醫學期刊：維他命 D 無用」[1]，內容提到我的文章，然後說國內營養學專家持保留態度。這位專家是北醫的教授謝明哲，而謝教授所說的是「肯定維他命 D 幫助鈣的吸收和利用」。接下來，新聞報導又說：「專家認為，不能因為單一的研究，就把過去的研究基礎統統推翻」。

有關這兩點，我必須做進一步說明和澄清。首先，謝教授所說的「肯定維他命 D 幫助鈣的吸收和利用」，與「吃維他命 D 補充劑是否有護骨作用」，是毫不相干的，因為以下幾個原因：

第一，維他命 D 的正常來源是陽光和食物，而維他命 D 補充劑則是來自合成的藥片。目前所有的科學證據都指出，這兩者對健康的影響是大不相同的。讀者可以參考拙作《餐桌上的偽科學》第 107 頁，其中我提到一篇哈佛大學的文章，標題是「維他命的最佳來源？你的盤子，不是你的藥櫃」[2]。讀者也可以參考附錄這篇報導，標題是「醫療主管警告，綜合維他命只會創造『非常昂貴』的尿液」[3]。

第二，雖然維他命 D 可以幫助鈣的吸收和利用，但是服用「維他命 D 補充劑」卻只會增加骨折和腎結石的風險。

第三，再來，我實在無法理解為什麼 TVBS 新聞會說「單一的研究」。難道記者先生們沒看到我文章裡說的「這 81 個臨床試驗共涵蓋 53,537 位受測人士」？更重要的是，我還說，這 81 個臨床試驗是經過嚴格篩選出來的（都是隨機試驗並有安慰

劑對照組），也就是說，它們的數據是較值得信賴的。

第四，至於新聞報導所說的「就把過去的研究基礎統統推翻」，很顯然是搞不清楚，這項所謂的「單一的研究」所推翻的並非是「維他命 D」，而是「維他命 D 補充劑」。**在我已經發表的所有文章裡，我從未質疑過維他命 D 的重要性，但是「維他命 D 補充劑」，則是完全另外一回事。**

最後，值得欣慰的是，這個影片下面的八十七個讀者回應裡，有一個也指出「單一的研究」這個說法的錯誤，更難能可貴的是，其他的回應也幾乎都異口同聲地說，曬太陽和吃食物才是獲得維他命 D 的最佳途徑。看來，吃維他命補充劑這個根深蒂固的惡習，是有點鬆動了。

防止骨質疏鬆最有效的方法：運動

講了這麼多維他命 D 和鈣補充劑並不能預防骨質疏鬆的研究，現在開始說說真正能預防骨質疏鬆的方法。我在演講養生

保健相關議題時，都會播放一支影片，內容是一位女太空人在介紹國際太空站裡的健身機器（跑步機、舉重機、腳踏車）。她解釋：太空人為了避免或減緩骨質流失，每天都要做兩小時的運動。

我有幾位朋友，包括幾位醫生，是屬於士可殺不可辱，寧死也絕不運動那一型的。他們說自己不擔心骨質疏鬆的問題，因為他們的醫生（包括醫生的醫生）有叫他們吃維他命 D 和鈣片。所以，我演講時放那個影片的目的就是要問大家，如果吃維他命 D 和鈣片就能防止骨質疏鬆，那為什麼國際太空站要耗費這麼大的金錢和心力把重達數千公斤的健身機器送到外太空？又為什麼太空人每天要花兩小時寶貴的時間來做枯燥無聊的跑步、舉重和踩腳踏車？

答案其實不難找，而最直接了當的應該是一篇 2012 年發表的綜述論文，標題是「機械負荷及其對骨細胞的影響：骨細胞骨架在維持骨骼中的作用」[4]。文章開宗明義就說：「缺乏運動不僅是會導致年長者骨質流失和骨折，而且也一樣會導致臥床不起的患者或不活躍的年輕人骨質流失和骨折。這種情況正迅速地

成為世界上最嚴重的醫療保健問題之一。骨細胞（Osteocytes）是我們骨骼中的細胞，它們會在機械性刺激的情況下促進骨骼形成，但在缺乏這種刺激的情況下，則會導致骨骼的降解。」

所以，**在沒有機械性刺激（即運動）的情況下，吃再多的維他命 D 和鈣片也無法避免骨骼的降解**。事實上，2019 年最新的研究還發現，吃越多的維他命 D 補充劑，骨密度就越低（請看本書 132 頁。而有關運動可以減緩年長者骨質流失的論文是多不勝數。在這裡就只提供兩篇最新的（2019）臨床研究論文及一篇出自台灣的臨床研究論文。

2019 年 12 月 4 號發表的論文，標題是「有氧運動或阻力運動對肥胖年長者節食時骨質密度和骨代謝的影響：隨機對照試驗」[5]。其引言及結論：減肥而引起的骨質流失會妨礙肥胖年長者的減肥治療，因為這可能會加劇與年齡有關的持續骨質流失並增加骨折的風險。因此，建議肥胖年長者的減肥療法應包括定期運動等干預措施，以減少隨之而來的骨質流失。這項研究表明，與有氧運動相比，阻力運動和有氧運動加阻力運動的組合比較能減緩肥胖年長者的骨質流失。

2019 年八月發表的論文，標題是「運動對停經後婦女骨質密度和含量的劑量效應」[6]。其引言及結論：**運動是防止更年期骨吸收的最廣泛使用的非藥物策略之一。這項研究表明，較高的運動量，尤其是力度較強的運動，可以較有效地減緩骨質流失，並且可維持一段時間。**

2017 年 8 月，有一篇出自台北醫學大學的論文，標題是「肌少症肥胖女性進行性彈性帶阻力運動對身體組成的影響：隨機對照試驗」[7]引言及結論：肌少症涉及與年齡相關的肌肉力量和肌肉質量下降，從而導致年長者虛弱和殘疾。當與肥胖症一起發生時，它被定義為「肌少肥胖症」。與單獨的疾病相比，它可能導致更多的功能限制和代謝紊亂。我們的研究表明，進行性鬆緊帶阻力運動可以降低老年肌少肥胖症婦女的脂肪量並增加其骨密度。

「美國國家老人健康研究院」有一個網頁是專門在討論骨質疏鬆症[8]。它說**要防止骨質疏鬆就應當要吃富含維他命 D 及鈣的食物，還要做負重的運動，例如舉重、爬樓梯、跑步、爬山等等，它可沒說要吃維他命 D 補充劑或鈣片喔。**

林教授的科學養生筆記

· 我從未質疑過維他命 D 的重要性,但是「維他命 D 補充劑」,
  則是完全另外一回事。維他命 D 可以幫助鈣的吸收和利用,但
  是服用「維他命 D 補充劑」卻只會增加骨折和腎結石的風險

· 在沒有機械性刺激(即運動)的情況下,吃再多的維他命 D 和
  鈣片也無法避免骨骼的降解。事實上,2019 年最新的研究還發
  現,吃越多的維他命 D 補充劑,骨密度就越低

· 要防止骨質疏鬆就應當要吃富含維他命 D 及鈣的食物,還要做
  負重的運動,例如舉重、爬樓梯、跑步、爬山等等

3-3

維他命 D 修復肌肉的「代價」與名醫言論

#肌肉、荷爾蒙、骨骼、跑步、癌症

讀者 Hanyun 在 2019 年 12 月 24 號來信詢問:「我有追蹤一位醫生的臉書,他剛好分享了維生素 D 對於肌肉修復的幫助,因為您也分享許多有關維生素 D 的迷思,所以請問您對這篇文章中提及的功能,意見為何?」

維他命 D,是修復肌肉的黃金?

這位讀者所說的文章,作者是張懷仁醫師,他在 2019 在 12 月 20 號在「銳速運動醫學」(RACE ON)的網站發表,標題是「跑步醫師專欄,失落的黃金——維生素 D」[1]。RACE ON 是

一家保健品公司的網站，其產品欄目裡有「RACE 競速系列」及「DEFENCE 防禦系列」。所謂的 RACE 競速系列，是「水動能電解質液」，單盒四百五十元、三盒一組一千兩百五十元。所謂的 DEFENCE 防禦系列，則是「液態盾維生素 D+E 滴劑」，單瓶七百五十元、三瓶一組一九九〇元。

有關什麼電解水、低氘水、氫水等，一大堆莫名其妙的水產品，我在《餐桌上的偽科學 2》第 264 頁裡面曾專文解釋過。有關「液態盾維生素 D+E 滴劑」，當然就是張醫師這篇文章的真正主角，文章配圖是小男孩抱著一瓶「液態盾維生素 D+E 滴劑……確實，這種把戲，就只能耍耍給小孩子看吧。

這篇文章很長，我就不一一揭它的瘡疤了，在此只掀開作者自認最重要的那一塊。他說：「肌肉恢復：不得不說這個是我寫這篇文章的理由。重要性佔百分之五十以上，而且非常簡單明瞭。在 Randomized control trial 他們針對肌肉流失的老人做了研究，發現當老人補充足量的維他命 D，在使用阻力訓練機時和控制組有明顯的差異性，也就是有補充足量維他命 D 的老人更強健。2018 年的文獻建議補充至 4000IU 一天，而且濃度要撐

高到 75 nmol/L 以上。以現階段國內的營養建議每日攝取量 200-
400IU，個人認為遠遠不夠。我們不只要避免骨折而已，追求表
現的運動員更更要建立起好的肌肉品質，也就我們的外骨骼！」

　　這段文章所說的「隨機對照試驗」（Randomized control
trial），看起來是不是很專業、很權威。但問題是，到底是什麼
隨機對照試驗，參考文獻在哪裡？這句「2018 年的文獻建議補
充至 4000IU……」，這到底又是什麼文獻？在文章最下面共有
五項參考資料，其中一項是「Sports Med (2018) 48 (Suppl 1):S3–
S16」。儘管這樣的參考資料實在是不夠專業，但我還是用它來
做搜索。果不其然，讓我搜到一篇 2018 年發表的綜述論文，標
題是「維他命 D 和運動員：當前觀點和新挑戰」[2]，我把摘要翻
譯如下：

　　在過去的十年中……許多運動員現在都將維他命 D 補充
劑作為日常飲食方案的一部分。……數據始終未能證明血清 25
[OH] D 與骨骼健康之間的任何關係，……鑑於許多運動員現在

都在補充維他命，經常服用極端劑量的維生素 D，因此，評估過量的維他命 D 是否對健康有害很重要。有人認為僅當血清 25 [OH] D 濃度大於 180nmol·l-1 時才會產生毒性作用，但我們實驗室的數據表明，大劑量補充可能存在問題。最後，血清 25 [OH] D 濃度，種族和骨骼健康標誌之間存在悖逆關係：黑人運動員經常出現低血清 25 [OH] D 而無生理後果。……在沒有任何病理的情況下，篩檢可能是不必要的，並可能導致不正確的補充。現在必須重新檢查數據，同時考慮到不同種族群體的生物利用度或「游離」維他命 D，以建立新的門檻和目標濃度；也許現在是該「釋放維他命 D」了。

我再將此文重點標出如下：1. 數據始終未能證明血清 25 [OH] D 與骨骼健康之間的任何關係；2. 經常服用極端劑量的維他命 D；3. 評估過量的維他命 D 是否對健康有害很重要；4. 大劑量補充可能存在問題；5. 血清 25 [OH] D 濃度，種族和骨骼健康標誌之間存在悖逆關係；6. 在沒有任何病理的情況下，篩檢可能是不必要的，並可能導致不正確的補充。

再次強調，補充荷爾蒙需付出「代價」

如此負面的評論，竟然會被張醫師解讀成「建議補充至 4000IU 一天，而且濃度要撐高到 75 nmol/L 以上」，也真難為他為了推銷銳速運動醫學產品而付出的心血。不管如何，有關「維他命 D 補充劑可以加強肌肉」這個論述，的確是有研究得到這樣的結論。但是，男性荷爾蒙不也是可以加強肌肉嗎？更何況它還是毫無爭議的研究結果。只不過，請問您敢服用男性荷爾蒙嗎？為什麼運動員服用男性荷爾蒙會被禁賽？

我已經強調很多次，維他命 D 和男性荷爾蒙都屬於「類固醇荷爾蒙」，而所有「類固醇荷爾蒙」都是既能載舟，也可覆舟。而也就因為如此，不論是男性荷爾蒙，還是女性荷爾蒙，都需要醫師處方。唯獨維他命 D 是到處都可以買，任何人都可以自由服用。是的，維他命 D 補充劑也許可以加強肌肉，但代價是什麼？請看本書 198 頁的「鈣和維他命 D 補充劑增加死亡風險」。最後，有關「血清 25[OH]D 濃度、種族和骨骼健康標誌之間存在悖逆關係」，請複習本書 57 頁的「維他命 D 悖論」。

名醫這樣說：想健康就不要跑步？

關於各種在電視或媒體上掌握話語權，甚至是出書立論的「名醫」言論，我已經發表過許多文章並引用無數醫學論文加以批評，目的是希望提醒讀者，就算是醫生說的，讀者也不能全盤接受，要檢視其背後動機和引用證據。以下再舉兩個日本「名醫」的言論給讀者參考。

讀者 para 在 2019 年 12 月 7 號，寄來一封很長的信。他是看到一篇《元氣網》的文章，心中充滿諸多疑問，才會寫長文找我釋疑。這篇文章標題是「顛覆傳統！日本名醫建議：想健康，就不要跑步！」，文章最下面出現一本叫做《想健康，先戒掉這些「好」習慣！》的書籍資訊，包括封面、出版社、作者等等。所以，我應當可以合理的猜測，這篇文章是在推銷本書。可是，讓我感到納悶的是，這本書是 2013 年 10 月出版的，都已經可以收藏到歷史博物館了，怎麼還在推？

還有，讓我更更納悶的是，這篇文章在短短六天裡竟然得到 2.4 萬個讚。難道說，真的會有這麼多人相信「想健康，就不要跑步！」這樣的胡扯？還是說，真的會有這麼多需要尋找慰

藉的懶人？再說，台灣有位喜歡瘋狂濫跑的名醫，他也有出書說跑步可以治百病，怎麼沒看到這位台灣名醫出來跟那位日本名醫 PK，看誰吹的牛比較大隻。

好笑的是，不到一個月之前的 2019 年 11 月 9 號，《元氣網》還發表了另外一篇文章，標題是「跑起來！最新研究：任何程度的跑步都能降低死亡風險」，使用的插圖還跟那一篇勸人不要跑步的文章一模一樣。可悲的是，一個月來這篇呼籲大家跑起來的文章只得到 4,422 個讚。加減乘除算一算，懶人跟非懶人的比例竟是將近三百比一。

更可悲的是，半個月前的 2019 年 11 月 20 號，《元氣網》有另一篇文章，標題是「美國心臟協會最新報告：強力運動不會傷害心臟」，其中提到：「每週七十五至一百五十分鐘劇烈運動（例如跑步），加上一週兩天重量訓練。運動好處不只有延壽，也可降低癌症、高血壓、糖尿病、憂鬱症、認知力下降及老年嚴重摔倒等疾病發生率」。不過令人欲哭無淚的是，這篇文章半個月來只有十三個讚（一天不到一個）。所以，懶人跟非懶人的比例竟是大於四千比一。

說正經的，我在自己的網站已經發表了十三篇跟跑步相關的文章，為了節省篇幅，我就只再提其中的兩篇。我在 2018 年 11 月 20 號，寫文報導當天才出爐的「給美國人的運動指南」[3]。這個指南是美國政府透過「美國醫學會」發出的，文章裡提到跑步是建議的運動選項。所以，難道說，美國政府會希望自己的人民不健康？另外，我曾寫過一位名叫富亞・辛格（Fauja Singh）的百歲人瑞在 2011 年，用八小時二十五分鐘跑完四十二公里的多倫多馬拉松。此人現今還活著，高齡一百零八歲。所以，難道說，活到一百零八歲是不健康的生活習慣造成的？

　　讀者 Para 的其中一個問題是：「就引錄的文章來說，都有科學根據嗎？我們都知道，名醫說話不見得有根據……」。而我給他的答案是：「就引錄的文章來說，都沒有科學根據。名醫說話的確是不見得有根據」。

「讚」的禮讚

　　接下來，我想跟讀者說說「讚」的問題。「讚」是臉書、

YouTube、LINE 或是任何其他社交媒體的使用者希望獲得的，那代表認同、感謝或欣賞。但它背後所暗藏的，卻是重重危機。

我在前面寫到一個讓人氣餒的現象：元氣網在最近一個月裡發表了三篇跟跑步相關的文章。第一篇是說跑步對健康有益，而它在一個月裡得到約四千個讚。第二篇也是說跑步對健康有益，但在二十三天裡只得到很可憐的十三個讚。第三篇是說跑步對健康有害，在六天裡得到兩萬四千個讚。

那篇說跑步有害健康的文章是引用一位日本「名醫岡本裕」所出的書，但此文卻完全違反科學證據。反過來說，那兩篇說跑步對健康有益的文章則是基於大型臨床試驗所得到的科學證據。那，為什麼違反科學證據的文章平均每天拿到四千個讚，而基於科學證據的文章卻每天平均只得到零點六個讚呢？

其實，道理很簡單：絕大多數人討厭跑步，累得要死，又枯燥無味，不是嗎？所以，大家一聽到有「名醫」說不跑步反而對健康有益，那可真是「說到心坎裡，你好棒，愛死你了，給你一百個讚」。

也就是說，一個言論是否會得到認同，並不是看它是對或

錯，是真或假，而是看它是不是讀者想要聽的。只要是讀者想要聽的，縱然是胡扯，也會得到一片掌聲。所以，如果你立志要當名醫，應當知道該怎麼做了吧！

近藤誠，醫界良心？

我在兩年多前看到臉書朋友轉載一篇偽科學文章得到數百個讚，因而很感慨地在 2017 年 5 月 26 號發表了〈醫界良心，癌症專家驚爆？〉。這篇文章裡所說的「醫界良心」是另一位日本「名醫」近藤誠。這位所謂的癌症專家從 1996 年到 2017 年發表了至少十七本書，例如台灣已翻譯出版的《癌症治療有 95% 是錯誤的》《不被醫生殺死的 47 心得》《不被癌症醫生殺死的 20 忠告》。

這位「醫界良心」之所以會如此受到歡迎，甚至可以說是受到敬重，不外乎就是他懂得如何迎合民眾對手術、化療、電療的恐懼心態。他的那幾本書就是在告訴讀者不要做手術、化療或電療，反正做了也沒有用，又何必受苦。而一般民眾在看

到親人接受化療時所受的苦，自然而然就會相信近藤誠才是有良心的。

可是，根據「美國癌症協會」（American Cancer Society）[4]，從 1991 年到 2016 年，總體癌症死亡率下降了 27%，而癌症倖存者也因此增加了兩百六十萬人。尤其是男性肺癌和攝護腺癌死亡率分別下降了 48% 和 51%，女性乳癌死亡率下降了 40%，兩性的大直腸癌死亡率下降了 53%。所以，「癌症治療有 95% 是錯誤的」是不是不攻自破的謊言？

在我發表批評近藤誠的文章之後，有位劉小姐很生氣地回應我，她說：「手術、化療、電療就只是醫生『沒有一點同理心、在逞能、拿病人當試驗品、想賺取高額的醫療費用、謀財害命』」。她還向我挑戰，要我拿出證據，證明曾有醫生自己罹癌，並且接受過手術、化療或電療。所以我就寫了〈謀財害命的醫生〉這篇文章來回應她的挑戰。我舉了七個醫生得癌接受化療，得以痊癒的例子。然後我說，這七個案例只是冰山一角，因為絕大多數的案例是不會被媒體報導的。反觀那位所謂的「醫界良心」，除了出書鼓吹癌症不需治療之外，他有治好過

任何癌症病患嗎？更令人難過的是，您能想像，有多少人因為聽信了他的話，而不願接受治療，而因此死亡？

由於寫文章需要找資料，所以偶爾我會到一些台灣醫師的臉書去瀏覽。其中有幾位醫師是所謂的電視名嘴，常在所謂的醫療節目裡講一些八卦醫療故事來娛樂觀眾，所以，他們都是深得民心，擁有大量粉絲。而其中又有幾位老是在鼓吹吃什麼維他命或什麼保健品，所以，儘管他們的言論是違反科學證據，但卻總是會得到成千上萬的「讚」。只不過，在每個「讚」的後面，又有多少健康因此而失去了呢？

 林教授的科學養生筆記

· 有關「維他命 D 補充劑可以加強肌肉」這個論述，的確是有研究得到這樣的結論。但維他命 D 和男性荷爾蒙都屬於「類固醇荷爾蒙」，而所有「類固醇荷爾蒙」都是既能載舟，也可覆舟

· 一個言論是否會得到認同，並不是看它是對或錯，是真或假，而是看它是不是讀者想要聽的。只要是讀者想要聽的，縱然是胡扯，也會得到一片掌聲

3-4

心血管疾病與維他命 D 的關係

＃心肌梗塞、中風

2019 年《JAMA 心臟學》：維他命 D 護心之死

2019 年 6 月，頂尖的心臟學期刊《JAMA 心臟學》（JAMA Cardiology）發表兩篇有關維他命 D 的文章，標題分別是「21 項隨機臨床試驗中超過 83,000 名個體的維他命 D 補充和心血管疾病風險」[1]，作者是馬哈茂德‧巴巴拉威（Mahmoud Barbarawi, MD）和「維他命 D 心血管預防之死」[2]。

第一篇論文是一項大型的薈萃分析，而第二篇論文則是編輯委員對這項薈萃分析的評論。該薈萃分析共篩選了 21 項隨機臨床試驗，包括 41,669 位服用維他命 D 補充劑的人，以及

41,622 位服用安慰劑的人，所得到的結論是：「維他命 D 補充劑與不良心血管事件、心肌梗塞、中風、心血管疾病死亡率以及全因性死亡率，都無關聯。研究結果表明，維他命 D 補充劑不能提供心血管保護，並且不適用於此目的。」

該編輯評論的第一段是：「在過去十年裡，由於大眾對於維他命 D 萬靈丹的瘋迷，導致維他命 D 檢測和口服補充劑增加了近一百倍。維他命 D 水平的評估是美國第五大最常訂購的實驗室檢測，估計每年的花費約為 3.5 億美元。由於對維他命 D 水平與廣泛的健康指標之間關聯性的誤解，導致了有缺陷的因果關係假設。」

希望讀者有注意到上一段的重點，我在此特別標出來：由於對關聯性的誤解，導致錯誤的因果關係假設。這就是為什麼，一個又一個維他命 D 補充劑的死訊會接踵而來。

維他命 D 缺乏與心臟病有關，但卻不會導致心臟病

《JAMA：美國醫學會期刊》在 2019 年 11 月 13 號發表一

篇評論,標題是「陽光的有益作用也許可以解釋血清維他命 D
水平與心血管健康之間的關係」[3]。我把它翻譯如下(其中提到
有關馬哈茂德·巴巴拉威等人的研究,即 155 頁「維他命 D 護
心之死」提到的第一篇論文):

在最新的關於維他命 D 與心血管疾病關係的薈萃分析中,
巴巴拉威等人再次表明,維他命 D 在心血管健康中沒有任何作
用。事實上,Bolland 等在 2006 年就已指出,已經收集到足夠
的數據,毫無疑問地證實補充維他命 D 對減少心血管和腦血管
疾病都沒有作用。然而,這方面的臨床試驗和論文還是不斷湧
現。也許人們需要被反覆地告知,地球確實是圓的,太陽是從
東方升起,而雖然維他命 D 缺乏與心臟病有關,但卻不會導致
心臟病。

一個更重要的問題是,為什麼維他命 D 水平低與心臟病
之間有如此強烈的關聯?巴巴拉威等人有提到運動、飲食和普
遍的慢性疾病所造成的混淆,但他們卻忽略了日曬。維他命 D
是陽光下紫外線暴曬的敏感標誌物。前瞻性隊列研究曾表明,

陽光暴曬越多，全因性死亡率就越低，而心血管方面的死亡率則更是顯著。我和我的同事把來自 2,400 多個地方接受洗腎的 340,000 多名患者的血壓和環境數據進行交叉分析，確定紫外線暴露的多寡與血壓呈負相關，而與溫度無關。也就是說，紫外線暴露得越多，維他命 D 合成得也就越多，而血壓的降幅也就越大。

我們可以理解皮膚科醫師擔心紫外線輻射可能會導致皮膚癌，但是《JAMA 心臟病學》的讀者不需要被提醒，與皮膚癌相比，心血管和腦血管疾病的死亡率和發病率都是高出許多。也許心臟科醫師現在也應該參與關於陽光照射的風險與好處的辯論了，以免讓皮膚科醫師在這方面專美於前。

美國心臟協會對於維他命補充劑的立場

「美國心臟協會」（American Heart Association）沒有提供針對維他命 D 的建議，但有發表一篇針對維他命補充劑的文章，標題是「維他命補充劑：炒作或幫助健康飲食」[4]。我把重點整

理如下：

1. 在你開始購買從維他命 A 到 Z（鋅）之前，請記住只有一種方法可以確保你獲得身體所需的維他命和礦物質，那就是，吃健康的食物

2. 賓州州立大學營養學教授佩尼 · 克里斯艾什頓博士（Penny Kris-Etherton）說：「營養學家首先推薦食物，因為食物提供各種維他命和礦物質，以及維他命或礦物質補充劑中沒有的飲食因素。」補充劑可能是有益的，但維他命和礦物質成功的關鍵是均衡飲食。在服用維他命和礦物質補充劑之前，請諮詢您的醫生，了解您的個人飲食計劃

3. 雖然飲食是獲得最佳維他命和礦物質的關鍵，但補充劑可能有幫助。例如，如果你已盡量吃健康的食物，但在某些方面仍有不足，補充劑就會有幫助。關鍵是，一定是要先有健康的飲食和吃營養豐富的食物，才採取這些措施。它們是補充劑，不是替代品。只有在你的醫療保健專業人員推薦下才使用補充劑。

4. 不要服用具有抗氧化作用的維他命補充劑，如 A、C 和 E。科學證據不認為這些可以消除降低血壓，降低血膽固醇或戒菸的需要。雖然我們不建議使用抗氧化劑，但建議使用抗氧化食品，尤其是植物性食品，如水果、蔬菜、全麥食品和植物油。

5. 美國心臟協會的科學立場：我們建議健康的人透過適量食用各種食物來獲得足夠的營養，而不是服用補充劑。

6. 維他命或礦物質補充劑不能代替均衡營養的飲食，限制攝取多餘的卡路里、飽和脂肪、反式脂肪、鈉和膳食膽固醇。這種飲食方法已被證明可以降低健康人和冠心病患者的冠心病風險。

7. 吃魚跟心臟病風險降低有關。根據現有數據，美國心臟協會建議沒有心臟病的患者每週至少吃兩次魚，最好是含有 omega-3 的魚，例如鮭魚、鯡魚和鱒魚。建議患有心臟病的患者食用約一克 EPA + DHA（ω-3 脂肪酸類型）。最好是從魚類中攝取。儘管可以考慮使用 EPA + DHA 補充劑，但應先諮詢醫生。對於三酸甘油酯（血脂）過高的人，建議在醫師的護理下每天服用二至四克 EPA + DHA 膠囊。

林教授的科學養生筆記

· 分析 41,669 位服用維他命 D 補充劑以及 41,622 位服用安慰劑的人，所得到的結論是：維他命 D 補充劑與不良心血管事件、心肌梗塞、中風、心血管疾病死亡率以及全因性死亡率，都無關聯

· 在你開始購買從維他命 A 到 Z（Zinc 鋅）的所有東西之前，請記住只有一種方法可以確保你獲得身體所需的維他命和礦物質，那就是，吃健康的食物

· 美國心臟協會的科學立場：我們建議健康的人透過適量食用各種食物來獲得足夠的營養，而不是服用補充劑

· 吃魚跟心臟病風險降低有關。根據現有數據，美國心臟協會建議沒有心臟病的患者每週至少吃兩次魚，最好是含有 omega-3 的魚，例如鮭魚、鯡魚和鱒魚。

糖尿病、腎臟病跟維他命 D 的關係

#草藥、血糖、二型糖尿病、Omega-3 脂肪酸

美國糖尿病協會對維他命 D 的立場

　　美國糖尿病協會沒有提供針對維他命 D 的建議，但有發表一篇針對膳食補充劑的文章，標題是「糖尿病和膳食補充劑」，我將本文翻譯如下：

　　關於膳食補充劑的爭論一直在進行（從維他命和礦物質到草藥）以及它們對糖尿病管理正面或負面的影響。本協會的《糖尿病醫療保健標準》是糖尿病患者及其醫療服務提供者診斷，治療和護理的年度指南，而它每年都會審查最新的膳食補充劑

科學研究。目前，尚無明確證據表明草藥和非草藥補充劑有助於糖尿病患者的糖尿病管理。雖然新的研究可能會讓人期待肉桂和維他命 D 等，但根本沒有確鑿的證據證明草藥和非草藥補充劑對血糖控制有影響。「美國國立衛生研究院」（NIH）和「綜合健康中心」（NCCIH）有提供關於糖尿病和膳食補充劑的更深入信息。

我又去到美國國立衛生研究院（NIH）[2] 的網站查看，看到上面這麼說：「對於正常人、糖尿病前期患者或二型糖尿病患，服用維他命 D 似乎不能幫助預防糖尿病或改善血糖水平。服用過多維他命 D 會導致噁心、便秘、虛弱、腎臟受損、定向障礙和心律問題。你不太可能會從食物或太陽攝取過多的維他命 D。」

美國糖尿病協會在 2019 年 6 月 7 號發表一篇標題如下的文章，標題是「根據今天在美國糖尿病協會科學會議上發表的研究，「維他命 D 補充劑不會顯著降低患二型糖尿病的風險」[3]。第一段是：

新研究顯示，每日口服維他命 D 補充劑不能有效降低高風險成年人患二型糖尿病的風險。這項研究今天在舊金山莫斯克尼（Moscone）會議中心舉行的美國糖尿病協會第 79 屆科學會議上展示。這項研究的標題是「維他命 D 和二型糖尿病的研究——用於糖尿病預防的多中心隨機對照試驗」。

這項研究的主持人安納斯塔西歐斯·皮塔斯（Anastassios Pittas）醫師是內分泌學家，也是塔夫茨醫學中心糖尿病和脂質中心的共同主任。他說：「儘管之前的許多研究都觀察到維他命 D 水平低的人患二型糖尿病的風險增加，但卻不知道採取措施增加人體維他命 D 水平是否會降低他們患糖尿病的風險。我們的研究結果顯示，維他命 D 在降低二型糖尿病進展方面沒有顯著的統計學意義。」

JAMA：維他命 D 或 omega-3 無法預防慢性腎臟病

2019 年 11 月 8 號，《JAMA：美國醫學會期刊》發表一篇維

他命 D 補充劑的臨床試驗，標題是「補充維他命 D 和 Omega-3 脂肪酸對二型糖尿病患者腎臟功能的影響：隨機臨床試驗」[4]。慢性腎臟病是二型糖尿病的常見併發症，並伴有較高的心血管疾病風險。目前並無有效方法可以預防此疾病發生。過去有許多研究發現此類病人的維他命 D 水平較低，而動物實驗也顯示補充維他命 D 可以預防此一疾病的發生。所以，前天發表的臨床研究就是要測試人類服用維他命 D 補充劑是否可以預防此一疾病的發生。

這項研究在 2011 年 11 月至 2014 年 3 月期間，從美國五十個州招募到的 1,312 名二型糖尿病成年人中進行了隨機臨床試驗，然後在 2017 年 12 月完成後續追蹤研究。參與實驗的 1,312 名患者（平均年齡 67.6；女性佔四成六）被隨機分配成 4 組，分別是：第一組共 370 名，他們每天服用 2,000 單位的維他命 D3 和 1 公克的 omega-3 脂肪酸；第二組共 333 名，他們每天服用 2,000 單位的維他命 D3 和一種安慰；第三組共 289 名，他們每天服用 1 公克的 omega-3 脂肪酸和另一種安慰劑；第四組共 320 名，他們每天服用兩種安慰劑。

五年後，所有參與人的腎功能都下降約一成三。也就是說，服用維他命 D 或 omega-3 都無法預防慢性腎臟病的發生。所以，這項研究的結論是，不支持使用維他命 D 或 omega-3 補充劑來維持二型糖尿病患者的腎功能。

這篇論文有一篇伴隨的編輯評論，標題是「維他命 D 與健康結果：然後來了隨機臨床試驗」[5]。這個標題看起來很奇怪，但其實在嘲諷當前維他命 D 的亂象，亦即大眾已經搶著吃大量的維他命 D，以為能預防這個和治療那個，然後呢，才來進行各種臨床試驗。

這篇編輯評論是這麼說，**大量的研究發現許多疾病與維他命 D 過低有相關性，但是臨床試驗一再證明補充維他命 D 既無法預防這些疾病的發生，也無法降低這些疾病的程度。從這些研究我們幾乎可以肯定，維他命 D 過低的現象是果而非因。**也就是說，是這些疾病造成維他命 D 過低，而非維他命 D 過低造成這些疾病。所以，沒有必要吃維他命 D 補充劑來預防或治療這些疾病。

維他命 D 補充劑，糖尿病實驗又失敗了

2019 年 6 月，世界頂尖的《新英格蘭醫學期刊》發表了一項大型的臨床研究，標題是「維他命 D 補充和二型糖尿病之預防」[6]。這項研究是由美國國家健康研究院提供經費並擬定實驗章程，在全美二十二所大學的醫學中心進行，由數百位醫生、教授和科學家共同參與，規模之龐大由此可見一斑。會有如此大動作是因為，在美國有超過 8,400 萬人屬於二型糖尿病的高風險族群，而已經有很多研究發現，低血清維他命 D 濃度與二型糖尿病有關聯性，所以有很多醫生學者就說，服用維他命 D 補充劑應當可以降低二型糖尿病的發生率。不止如此，台灣「家天使」的照護部落格乾脆就直接說「想要預防及改善糖尿病，補充維生素 D 就對了！」

這項研究從 2013 年 10 月到 2017 年二月共篩選了 7,133 人，看他們是否符合二型糖尿病高風險的條件，而最後共有 2,423 人（平均年齡 60 歲）被採納。其中 1211 人被隨機分配到維他命 D 組（每天服用 4,000 單位的維他命 D3），而其他 1,212 人則被

分配到安慰劑組。在實驗前，這兩組人的血清維他命 D 濃度並無顯著差異（平均約 28），但是在實驗進行一年之後，維他命 D 組的血清維他命 D 濃度上升到約 52，而安慰劑組則維持在 28。

在研究的終點日期（平均兩年半後），維他命 D 組共有 293 名參與者被診斷成為糖尿病患，而安慰劑組則有 323 名。這兩個數字在統計學上沒有顯著差異。也就是說，每天服用 4,000 單位的維他命 D3 不會降低二型糖尿病的發生率。

我在自己的網站已經發表了數十篇有關維他命 D 的文章，一再指出**相關性不等於因果性**，在此再說一次：**維他命 D 濃度較低與某某疾病，只是「相關」，而不是前者造成後者。更不是吃維他命 D 補充劑就會降低某某疾病的風險。**

事實一再證明，所有維他命 D 補充劑的臨床實驗，全都是以失敗收場。就連最起碼的「防止骨折」，也全都是以失敗收場（本書 128 頁）。不止如此，2019 年 4 月還有一篇重量級的論文說，維他命 D 補充劑會增加死亡風險（本書 198 頁）。所以，耐心看到這裡的讀者諸君，你們還想繼續拿自己做實驗嗎？

林教授的科學養生筆記

· 美國國立衛生研究院：對於正常人、糖尿病前期患者或二型糖尿
病患，服用維他命 D 似乎不能幫助預防糖尿病或改善血糖水平。
服用過多維他命 D 會導致噁心、便秘、虛弱、腎臟受損、定向
障礙和心律問題

· 事實一再證明，所有維他命 D 補充劑的臨床實驗，全都是以失
敗收場。就連最起碼的「防止骨折」，也全都是以失敗收場

3-6

呼吸道感染，維他命有幫助？

#感冒、流行性感冒、中耳炎、鼻竇炎、武漢肺炎

讀者張小姐 2019 年 7 月來信，摘錄如下：「我在某個媽媽群組看到有人說維生素 D 可以減少小嬰孩呼吸道感染，所以有些人讓小孩補充維生素 D 劑。先前看了您的書和網站，知道額外補充是不需要的，擔心這些媽媽買了不需要的東西。這一篇是 2017 年很有名的小兒科醫生寫的，標題是『黃瑽寧：維生素 D 拯救反覆的中耳炎和鼻竇炎？』[1]，想詢問您的想法。」

維他命 D 拯救中耳炎？

好，我現在就來談論這篇文章。首先，請注意這篇文章標

題裡的「問號」，意思很明顯，作者無法確定維他命 D 是否真的能拯救中耳炎。再來，請讀者看這篇文章裡最關鍵的一段話：

英國的學者經過綜合型研究統計後發現，口服維生素 D 的成年人，可以減少百分之三十六的感冒機率。2013 年義大利的小型雙盲試驗也發現，每天補充維生素 D 一千單位（IU）的孩子，經過大約四個月之後，可以顯著地減少中耳炎的復發。還有很多小型試驗也有類似的結果，不過每個研究使用的維生素 D 劑量不同，時間點也不同，所以目前醫生還很難做出結論，告訴那些反覆中耳炎、鼻竇炎的孩子，到底要用多少劑量的維生素 D 來預防。

關於口服維他命 D 減少感冒機率，我在《餐桌上的偽科學 2》178 頁已經舉證歷歷，說明那是人為操作所得到的誤導性結論。我還在文章的最後說：「您一定還記得維他命 C 的故事吧。熱熱鬧鬧地流行了數十年，不是嗎？現在呢？還有人相信它能預防感冒的神話嗎？C 失寵，就換 D 吧。反正，風水輪流轉，

說不定哪一年會轉到 Z 呢。」

　　至於維他命 D 是否對於中耳炎有幫助，就請您注意黃醫師那段話裡的「小型試驗」以及「還很難做出結論」，也就是說，那個試驗根本就沒有資格建議口服維他命 D。事實上，在中耳炎的治療指南裡，根本就沒有出現「維他命」這個字，請看附錄的兩篇文章 [2]。

　　還有，我搜索了所有有提供中耳炎醫療資訊的美國醫療機構，包含哈佛大學、梅友診所、國家健康研究院、美國小兒科學院、美國家醫科協會、史丹佛大學、密西根大學、疾病控制中心，也完全沒有看到 Vitamin 這個字。所以，您相信口服維他命 D 能「拯救」中耳炎嗎？

　　另外，關於使用補充劑來治療感冒，除了維他命 C（早被證實破滅）和維他命 D（不支持使用），還有鋅錠（有限證據，甚至非常低證據），想複習的讀者可以去看《餐桌上的偽科學2》178 頁。

抗新冠肺炎，大量吃維他命 C？

好友在 2020 年 1 月寄來一則《星島日報》22 號發表的新聞，標題是「抗新型肺炎？醫師主張大量吃維他命 C」。這則新聞所講的「醫師」名叫丁陳漢蓀。但是，他並不是醫師，也沒有任何正規的醫學訓練。新聞裡說：「丁陳漢蓀以實際病例指出，流感再嚴重的人，只要服用足夠的維生素 C 達到腹瀉，流感在一天之內就可以好轉。他表示，維他命 C 不但能增強免疫力，且有可能抵抗武漢肺炎，因為武漢肺炎和之前的 SARS、MERS（中東呼吸綜合症）都是冠狀病毒所引起的感染。用維他命 C 可以有效的預防及治療。」

我之前就提過，有關維他命 C 能預防或治療一般感冒（common cold）或流行感冒（influenza，簡稱 flu），是萊納斯·鮑林（Linus Pauling）博士在 1970 年代所提出來的「理論」（沒有臨床證據）。萊納斯·鮑林博士是奧勒岡州立大學（Oregon State University）的傑出校友（拿了化學跟和平兩個諾貝爾獎），

這個大學設立了一個以他為名的「萊納斯‧鮑林研究所」（Linus Pauling Institute），其網站提供了一個專講維他命 C 的網頁[3]。在這個網頁裡，用 influenza 或 flu 搜索，結果是零。用 common cold 搜索，則會搜到這兩句話，翻譯如下：1. 總體而言，定期使用維他命 C 補充劑可縮短感冒的持續時間，但不會降低患病的風險。2. 一旦感冒症狀開始，服用補充劑就沒有任何好處。

而有關維他命 C 之用於預防或治療一般感冒或流行感冒，請看這兩篇回顧性論文：

一、2013 年論文，標題是「維他命 C 用於預防和治療普通感冒」[4]。結論：維他命 C 補充劑未能降低普通人群的感冒發病率，表明常規服用維他命 C 補充劑是不合理的。

二、2017 年論文，標題是「透過草藥、輔助療法和自然療法預防和治療流感、流感樣疾病和普通感冒」[5]。結論：定期服用維他命 C 補充劑只會稍微減少感冒的時間和嚴重程度。

所以，維他命 C 既然連一般感冒的預防都成問題，還需要

談更嚴重的流行感冒嗎？至於 SARS 和 MERS，則根本沒有維他命 C 的研究報告。所以，《星島日報》這篇「醫師主張」，就把它當成是惡作劇吧。

回覆讀者質疑維他命 C 療效

我發表前文批評《星島日報》報導說維他命 C 可以抗武漢肺炎之後，2020 年 1 月 30 號，署名 Philip Chang 的讀者回應：「身為教授應該很重視自己的名譽和羽毛，請看一下這個美國網站，足夠權威吧。那是美國政府機構設立的，裡面非常多論文在支持維他命 C 對防治流感的效用，你真的都沒看到嗎？不要憑著自己的醫學背景誤導一般民眾，一般民眾比較沒有能力吸收這些專業論文，但不代表所有人都沒有這個能力分辨。」

我點擊連結，看到的就只是「公共醫學圖書館」（Pubmed）的網頁，並無任何有關維他命 C 的資訊。Pubmed 是我從事醫學研究四十多年來最常用的網址，每天要花上五、六個小時查詢

資料，而它也頻繁地出現在我發表的七百多篇文章裡。還有，我本人發表的近兩百篇醫學論文也都被收錄在 Pubmed。所以，我相信自己比絕大多數讀者更熟悉 Pubmed。至於維他命 C 是否能防治流感，我已在前段文章提供了科學證據（包括兩篇取自 Pubmed 的論文），所以就不再重複。

其實在兩天前，有位署名 SC 的讀者已先對前文做出回應。他敘述他本人、親友以及同學和同事對維他命 C 療效的親身體驗（效果讓他們嘖嘖稱奇）。我回覆希望他能提供臨床報告，所以他又寫了兩則回應，繼續闡述他及親友的親身體驗。我跟他說：「抱歉，我這個網站只採用科學證據」。他又回應：「我很好奇，其實在美國生醫論文資料庫中，可以找到不少關於維生素 C 與癌症的研究論文，研究結果也是正反兩面都有（近年是正面結果越來越多），若只是挑選反面結果的論文，這樣是不是有失公允呢？」

由於這位讀者說「研究結果也是正反兩面都有（近年是正面結果越來越多）」，所以我就請他拿出正面的科學證據，他很

快寄來十四篇他認為的正面研究。我們現在就來看這十四篇論文是否真的對維他命 C 防治癌症提供了正面的證據，為了不浪費讀者太多時間，這裡只附上我看完論文後的分析評論。我將詳細的論文名稱和網址列在附錄，有興趣的讀者可以去附錄點擊全文：

一、2016 年論文[6]，分析如下：這項研究是用培養的細胞做的，跟臨床研究還有很大的距離。

二、2014 年論文[7]，分析如下：這項研究並非在測試維他命 C 能否治療癌症，而是在測試維他命 C 是否能夠減少化療的毒性。

三、2012 年論文[8]，分析如下：這項研究並非在測試維他命 C 能否治療癌症，而是在測試維他命 C 是否能夠改善病患的生活品質。

四、2014 年論文[9]，分析如下：這項研究並非在測試維他命 C 能否治療癌症，而是在測試維他命 C 是否能夠改善病患的生活品質。

五、2018 年論文[10]，分析如下：這項研究並非在測試維他

命 C 治療癌症，而是在測試維他命 C 是否能改善病患的生活品質。

六、2011 年論文 [11]，分析如下：這項研究並非在測試維他命 C 治療癌症，而是在測試維他命 C 是否能改善病患的生活品質。

七、2010 年論文 [12]，分析如下：這項研究是用培養的細胞做的，跟臨床研究還有很大的距離。

八、2010 年論文 [13]，分析如下：這項研究是用老鼠模型做的，跟臨床研究還有很大的距離。

九、2011 年論文 [14]，分析如下：這項研究並非在測試維他命 C 治療癌症，而是在測試維他命 C 是否能預防和治療癌症引起的敗血症。

十、2018 年論文 [15]，分析如下：這是一個單一病患的案例報告。該病患在接受維他命 C 治療胰臟癌後，存活了四年。案例報告只是醫療人員的觀察和記錄，而非有對照組的試驗，所以僅能作為參考，不能成為療效的證據。

十一、2013 年論文 [16]。分析如下：這項研究是第一期的臨

床研究，目的是要測試治療方法的安全性，而非療效。更何況它所測試的是化療藥 gemcitabine 和維他命 C 的組合，而非維他命 C 本身。

十二、2015 年論文 [17]。分析如下：這項研究是第一和第二期的臨床研究，而它所測試的是化療藥和維他命 C 的組合，並非維他命 C 本身。另外，這篇論文完全沒有提到針對癌症的療效。

十三、2012 年論文 [18]，分析如下：這項研究是在測試維他命 C 對癌症病患的發炎是否有什麼作用，並非在測試維他命 C 是否對癌症有療效。

十四、2005 年論文 [19]，分析如下：這項研究的唯一結論是：如果患者沒有腎結石的病史，則靜脈注射維他命 C 治療癌症相對安全。也就是說，這項研究並非要測試維他命 C 對癌症的療效。

所以，在讀者提供的這十四篇論文裡，沒有任何一篇有說出維他命 C 能有效地治療癌症。**事實上，直到目前為止，沒有**

任何正規的醫學報告說維他命 C 能有效地預防或治療癌症。

這不是我個人的意見，而是所有權威癌症機構的共識（請複習《餐桌上的偽科學 2》185 頁）。我今天還特地到致力於推廣維他命 C 的「萊納斯・鮑林機構」（Linus Pauling Institute）網站去看有關癌症的資訊，看到這兩段話，翻譯如下 [20]：

　　沒有足夠的數據表明維他命 C 狀況與患特定類型癌症的風險之間存在關聯性。大多數維他命 C 攝入量與癌症發生率相關的觀察性研究均未發現有關聯。隨機對照試驗也發現補充維他命 C 對癌症風險並無影響。

　　目前有關靜脈注射維他命 C 治療癌症的證據只限於觀察性研究，沒有控制組的干預，以及病例報告。需要進行較大的、較長時間的二期臨床試驗，以測試靜脈注射維他命 C 在癌症進展和總體生存中的功效。

　　也就是說，連像萊納斯・鮑林機構這樣最希望看到維他命 C 有療效的機構，都說維他命 C 沒有療效。那，為什麼這兩位

讀者會對維他命 C 深信不疑？對這個議題有興趣的讀者，可以看本書 206 頁解說的「安慰劑效應」。

 林教授的科學養生筆記

· 口服維他命 D 可以減少感冒機率，是人為操作所得到的誤導性結論。目前的證據不支持使用維他命 D 補充劑來預防除了骨軟化症之外的疾病

· 所有有提供中耳炎醫療資訊的美國醫療機構，包含哈佛大學、梅友診所、國家健康研究院、美國小兒科學院、美國家醫科協會、史丹佛大學、密西根大學、疾病控制中心，都完全沒有看到 Vitamin 這個字

· 直到目前為止，沒有任何正規的醫學報告說維他命 C 可以有效預防或治療癌症

自體免疫疾病，維他命 D 有效嗎？

#紅斑性狼瘡、甲狀腺、濃度

讀者 Miss Wang 在 2019 年 4 月來信：「林教授您好，關於維生素 D，已在您的網站內拜讀過數篇衛教資料，但仍是對其有些疑惑之處。有些文章指出，維生素 D 可以防治自體免疫疾病，甚至避免炎症發作，所以自體免疫疾病患者之間吹起一股維生素 D 的保健食品風。想請問維生素 D 是否已被證實對於穩定免疫疾病有幫助，或者兩者之間僅是相關而非因果？」

維他命 D：自體免疫疾病的萬靈丹？

的確，網路上有很多文章聲稱維他命 D 可以防治自體免疫

疾病，而醫學文獻裡也有不少抱持此一看法的論述。例如 2015 年發表的這篇論文就用了這個標題「維他命 D：自體免疫疾病的萬靈丹？」[1]。只不過，聰明的讀者應當可以感覺得到，這個標題結尾的「問號」意味著什麼吧。

　　這篇論文先說，「有很多研究發現，患有自體免疫疾病的人血液中的維他命 D 濃度都偏低。所以自然有很多學者就認為補充維他命 D 應該可以改善自體免疫疾病。」接下來第五段開頭說：「最近，兩項精確而詳盡的研究，給有關維他命 D 新保護作用的興奮，潑了盆冷水。」它所說的兩項研究都發表於 2014 年，標題分別是「維他命 D 狀態與疾病：系統性回顧」、「維他命 D 與多項健康結果：對觀察性研究和隨機試驗的系統評價和薈萃分析的總體評價」[2]。這兩項大型分析研究的結論是：維他命 D 補充劑對各種疾病，包括自體免疫疾病，都沒有改善。

　　更重要的是，前者認為患者血液中維他命 D 濃度之所以會偏低，是因為發炎而導致維他命 D 吸收不良或生產不足。也就是說，是疾病導致維他命 D 偏低，而非維他命 D 偏低導致疾病。

近年大型論文：維他命 D 無法改善自體免疫疾病

在 2016 年和 2017 年，又有兩篇大型的綜述論文發表，標題分別是「維他命 D 與自體免疫性」[3]「維他命 D 在自體免疫的角色：分子機制與治療潛力」[4]，這兩篇論文幾乎涵蓋了所有用維他命 D 治療過的自體免疫疾病，包括系統性硬化症、多發性硬化症、類風濕性關節炎、克羅恩病、一型糖尿病、系統性紅斑狼瘡、慢性自身免疫性萎縮性胃炎、甲狀腺自身免疫、乾燥綜合徵、乳糜瀉、抗磷脂綜合徵、混合性結締組織病、原發性膽汁性肝硬化。而這些的結論還是一樣：沒有改善或沒有明顯改善。

事實上，早在 2009 年，位於加州的「自體免疫疾病研究所」（Autoimmunity Research Foundation）就發表了這篇新聞稿，標題是「維他命 D 可能加劇自體免疫疾病」[5]。這篇新聞稿是介紹一篇由該研究所人員所發表的論文，標題是「維他命 D：另

類的假說」[6]。

　　這篇論文先說，全球的維他命 D 添加量及補充劑使用量節節上升，而自體免疫疾病的發生率也跟著上升，所以有可能維他命 D 會加劇自體免疫疾病。它接下來說，腸道裡的細菌會引發自體免疫疾病，而由於維他命 D 會抑制免疫系統，所以會導致此類細菌增生。

　　在 2015 年，這幾位研究人員又再度發表論文，標題是「感染、自體免疫與維他命 D」[7]，進一步闡述他們的理論。這篇論文總共有十四小節。第十二小節的標題是「維他命 D 的危害逐漸得到高質量研究的支持」，第十三小節的標題是「維他命 D 缺乏症的概念是有缺陷的：血液中維他命 D 濃度偏低，可能是炎症過程的結果」，第十四小節是結論，最後一句是：要使得免疫系統能控制微生物，血中維他命 D 的濃度需要維持在 50-60 nmol/L 之下。也就是說，補充維他命 D 反而是不利於自體免疫疾病之控制。

林教授的科學養生筆記

· 2014 年兩項大型分析研究的結論是：維他命 D 補充劑對各種疾病，包括自體免疫疾病，都沒有改善

· 2016 年和 2017 年，兩篇大型的綜述論文涵蓋了所有用維他命 D 治療過的自體免疫疾病，結論還是沒有改善或沒有明顯改善

Part **4**
更多維他命補充劑真相

B群、C、礦物質、鈣、葉酸、魚油、核黃素……各種補充劑堆滿藥店貨架,獲利的是消費者的健康還是廠商的荷包?

健康補充劑的危害，遠超你的想像

#補充劑悖逆、急診、抗凝血劑、摻假

美國醫學會：該關注補充劑的危害了

2018 年 10 月，《JAMA：美國醫學會期刊》發表一篇關於補充劑的論文，標題是「鑑於它們的潛在危害，現在應該關注補充劑的安全性了」[1]。我把其中的重點翻譯如下：

1. 補充劑，包括維他命、礦物質和草藥產品，在美國是一項巨大的商業。美國消費者每年花費約三百億美元在這些商品上。儘管沒有確定的益處，但有可能的傷害，這些補充劑的使用絲毫沒有受到阻撓。

2. 對老年人的研究發現，補充劑與藥物相互作用的潛在可能性，從 2005 年到 2011 年出現了顯著增加，從 8％增加到超過 15％。

3. 補充劑不但很昂貴，而且往往沒有任何好處的證明，更甚至可能根本沒有瓶子標籤所說的含量。更糟糕的是，由於人們已經服用了其他藥物，許多的補充劑會增加不良後果的可能性。美國每年約有兩萬三千次急診可歸咎於膳食補充劑的不良事件。

4. 補充劑製造商在出售產品之前不需證明是有效的。由於缺乏管理，這些產品往往只含有少量應有的成分，甚至含有被禁用或從未被研究過的成分。在 2016 年有一位研究人員指出這一點時，他被一家補充劑製造商控告。

5. 我們為健康所做的任何事情都必須在好處及害處之間做權衡。就補充劑而言，對許多人，即使不是大多數人，其好處似乎很小甚至不存在。另一方面，補充劑的潛在危害是真實並且有記錄的。鑑於此，很難理解為什麼補充劑的使用會越來越多。醫生可能需要比過去更加努力地擊退這種現象。

補充劑悖逆現象

如前所述，膳食補充劑除了價格昂貴且無法證明對人體有益處之外，值得關注的還有「補充劑悖逆現象」（The Supplement Paradox）。出自這篇 2016 年 10 月發表在知名的《JAMA：美國醫學會期刊》的文章，標題是「補充劑悖逆現象：微不足道的益處，強大勁爆的消費」[2] 從這個標題，讀者應該可以看出，這篇文章是在探討為什麼美國人還繼續購買已被證實幾乎毫無用處的膳食補充劑。此文作者是哈佛大學的彼得‧柯亨醫師（Pieter A. Cohen, MD），分量不容小覷。我把文章重點整理如下：

1. 在過去二十年裡，有關膳食補充劑的研究，不斷地獲得令人失望的結果。而在此同時，膳食補充劑危害健康的證據卻繼續積累。

2. 美國對於產品安全證明的要求過度鬆散，導致市場上補充劑的種類迅速增加，從 1994 年的 4 千種，增加到 2012 年的 5.5 萬種。如今，膳食補充劑已經發展成超過 320 億美元的產業。

3. 美國國立衛生研究院（NIH）每年投資 2.5 到 3 億美元資助膳食補充劑的研究。而這些研究的總結是，大多數膳食補充劑沒有明顯的益處。

4. 儘管如此，百分之五十二的美國人說，他們在過去三十天裡有服用補充劑。這個數字，十幾年來沒有改變。

5. 儘管在 2006 年已經有研究報告說，葡萄糖胺／軟骨素對治療關節炎毫無用處，但是直到目前，消費者對於葡糖胺和軟骨素的使用，基本上保持不變。

6. 造成此種悖逆現象的因素之一是，法律為補充劑製造商提供了廣泛的空間來做廣告。譬如，儘管新證據表明某種補充劑無效，製造商還是可以根據舊資料來做廣告說有效。

7. 此外，製造商還可以將廣告從一種補充劑，重新聚焦到另一種補充劑。例如，為應付大蒜和葡糖胺沒有顯著益處的研究結果，製造商轉向推銷輔酶 Q10 及甲基磺醯甲烷。

以上所列要點，是彼得・柯亨醫師談論美國人在 2012 年之前使用補充劑的情況。但是事實上，從 2012 年到 2016 年，消

費者取得資訊的方式已大不相同。我相信，現在人之所以會繼續大量地服用補充劑，主要是受到網路廣告及謠言的影響。而很不幸的是，再好的科學研究，也比不上這類影響。

美國年約 2.3 萬人因膳食補充劑進急診

膳食補充劑除了價格昂貴且無法證明對人體有益處之外，另外還有一個不多人知道的壞處，那就是補充劑甚至會造成急診送醫。《JAMA：美國醫學會期刊》在 2016 年 11 月發表了一篇頗重要的調查報告，標題為「2013—2014 年期間，在美國因為不良藥物事件而需要看急診的案例」[3]。

該調查是由「美國疾病控制中心」的研究人員執行，分析了 2013 到 2014 年期間發生在美國的急診案例，結果發現其中約千分之四是因為不良藥物事件而造成的。而年紀較大的人（六十五歲以上），因不良藥物事件而需要看急診的案例，其所佔的比例則更高，達百分之一[4]。

有三種藥是最常造成六十五歲以上的人需要看急診，分別

是抗凝血劑、糖尿病藥物和鴉片類止痛藥。抗凝血劑會造成內出血；糖尿病藥物會造成血糖過低和神經症狀；止痛藥則會造成頭暈、嘔吐、呼吸困難等等。六十五歲以上的人往往有多重的健康問題，因此會同時服用多位醫生開的不同的藥。一旦搞混了藥物或劑量，就可能會造成需要看急診的狀況。另外，不同藥物之間的相互作用，也可能引發不良反應，導致需要看急診。

在五歲或以下的兒童中，抗生素是最常會導致急診的藥物類別（引發過敏反應）。在六至十九歲的兒童和青少年中，抗生素也是不良藥物事件中最常見的藥物類別，其次是精神病藥物。

研究人員也提到他們去年發表的相關的調查報告，發現美國每年約有兩萬三千人因為服用膳食補充劑而需要看急診。最常造成問題的補充劑，在年輕人主要是減肥及補充能量的藥；年長者則主要是微營養素（維他命及礦物質）服用過量。

研究人員希望藉此調查，能引起相關政府單位、醫療機構及醫護人員的重視，進而使其加強彼此間的聯絡與合作。譬

如，同一病患的不同醫生，應該建立互相聯絡的管道，才能充分掌握及了解病患用藥的情況。病患也需要讓醫生知道自己正在服用什麼藥（包括自行決定的膳食補充劑）。有必要時，也可以主動要求監測及追踪所服用的藥物，是否會引發不良反應。總之，這個調查研究讓我們認識到，一些看起來稀鬆平常的藥物，卻是最容易造成嚴重後果的罪魁禍首。希望大眾千萬不要掉以輕心。

補充劑摻假問題嚴重

最後我還想提醒讀者一件事，那就是關於補充劑摻假的問題。《JAMA：美國醫學會期刊》2018 年 10 月 12 號，發表了一篇針對補充劑摻假問題所做的分析報告，標題是「與美國食品和藥物管理局警告相關的膳食補充劑所含未核准藥物成分」[5]。這篇報告在開頭這麼說：

在美國，超過五成的成年人食用膳食補充劑，因而造就了

350 億美元的工業。根據 FDA 法規，膳食補充劑不是為了治療或預防疾病，種類包括維他命、礦物質、草藥、氨基酸和酶。根據 1994 年膳食補充劑健康和教育法，膳食補充劑被歸類為食品，不需接受 FDA 的藥品上市前安全性和有效性測試。

為了識別不安全或摻假的產品（包含未經批准的成分），FDA 所依靠的方法就只是上市後的監管。這包括審查不良事件報告、消費者投訴、檢查膳食補充劑公司，以及篩選進口產品。另外，膳食補充劑公司有義務向 FDA 報告需要醫療干預的事件，以防止死亡、住院或出生缺陷。當產品有可能對健康造成嚴重不良後果時，FDA 可以下令回收並將其撤下市場。

為了提高透明度和公眾知識，FDA 的藥物評估和研究中心網站上有一個「受污染補充劑數據庫」，目的是降低消費者風險。本研究就是分析了此一數據庫在 2007 年至 2016 年期間的數據。分析的結果如下：

1. 從 2007 年到 2016 年，FDA 確定了 776 種摻假膳食補充劑，共涉及 146 家不同的膳食補充劑公司。

2. 這776種摻假膳食補充劑中，有353種（5%）是壯陽藥，317種（40.9%）是減肥藥，92種（11.9%）是健身藥。

3. 有157種膳食補充劑（2%）含有兩種以上的摻假成分。

4. 最常見的摻假成分是西地那非（353種中的166種，47.0%）（補充：西地那非就是威而剛）。

5. 第二常見的摻假成分是西布曲明減肥藥（317種中的269種，佔84.9%）。

6. 第三常見的摻假成分是類固醇健身劑（92種中的81種，佔89.1%）。

7. 有28種補充劑在被警告之後六個月又再度被警告，而其中有19種是換了摻假的成分。

結論：在膳食補充劑中持續發現摻假藥物，特別是那些用於壯陽或減肥的藥物，即使是在FDA警告後也是如此。這些成分有可能因過度使用或與其他藥物相互作用，而導致嚴重的不良健康影響。

林教授的科學養生筆記

· 美國消費者每年花費約三百億美元在這些商品上。儘管沒有確定的益處，但有可能的傷害

·「補充劑悖逆現象」的因素之一是，法律為補充劑製造商提供了廣泛的空間來做廣告。譬如，儘管新證據表明某種補充劑無效，製造商還是可以根據舊資料來做廣告說有效

· 有三種藥是最常造成六十五歲以上的人需要看急診，分別是是抗凝血劑、糖尿病藥物和鴉片類止痛藥

· 根據 1994 年膳食補充劑健康和教育法，膳食補充劑被歸類為食品，不需接受 FDA 的藥品上市前安全性和有效性測試

· 從 2007 年到 2016 年，FDA 確定了 776 種摻假膳食補充劑，共涉及 146 家不同的膳食補充劑公司

4-2

維他命和礦物質補充劑，無益有害

#維他命D、鈣、葉酸、魚油

鈣和維他命 D 補充劑增加死亡風險

重量級的醫學期刊《內科學年鑑》（Annals of Internal Medicine）在 2019 年 4 月刊載了一篇大型分析報告，標題是「美國成年人膳食補充劑使用，營養素攝入量和死亡率之間的關聯：隊列研究」[1]。此報告共分析了 30,899 位年齡二十歲以上的美國人，看他們營養素的攝取來源和分量是否與死亡率有相關性，其結果是：

1. 從食物攝取足夠的維他命 A、維他命 K、鎂和銅與降低死亡率有相關性。但是，如果同樣的營養素是攝取自補充劑，則

與死亡率無相關性。

2. 從補充劑攝取過量的鈣（大於每天一千毫克）與升高死亡率有相關性。

3. 一般人（沒有缺乏維他命 D）每天服用 400 單位維他命 D 補充劑，與升高死亡率有相關性。

用一般話（非醫學）來講，**從食物攝取足夠的營養素，可以降低死亡率，但是，服用營養素補充劑則可能因過量而增加死亡率**。這項大型分析報告再度警告，維他命和礦物質補充劑，非但無益，反而有害。

媒體錯誤報導：年花千億購買，僅兩種有效？

前面這段文章發表之後，台灣《早安健康》網站的編輯吳慧禎小姐在 2019 年 8 月來信詢問：「教授好，最近有一篇媒體報導的研究登上熱門排行榜第一，標題是『天天吞保健食品？國人年花千億購買。最新研究：僅兩種有效』。我們平台的許

多讀者也很關心這件事（如報導所言，大眾平時在保健食品上的花費實在可觀），因此冒昧寫信給您，希望教授撥冗為讀者解惑。」

編輯提供的是一篇 2019 年 8 月 25 號《三立新聞》的文章[2]。我看完後不禁仰天長嘆，不平之氣久久難消。原來，它所說的「美國最新研究」，其實我在四個多月前就已經寫文介紹，更不可思議的是，它所說的「僅兩種有效」，根本就是一派胡言。

我在 2019 年 4 月發表 198 頁的文章，闡述一篇同月在《內科學年鑑》的研究論文，而這篇論文就是三立新聞所說的「美國最新研究」。其標題是「美國成年人膳食補充劑使用，營養素攝入量和死亡率之間的關聯：隊列研究」，結論是：一、從食物攝取足夠的維他命 A、維他命 K、鎂和銅與降低死亡率有相關性。但是，如果同樣的營養素是攝取自補充劑，則與死亡率無相關性。二、從補充劑攝取過量的鈣（大於每天 1,000 毫克）與升高死亡率有相關性。三、一般人（沒有缺乏維他命 D）每天服用 400 單位維他命 D 補充劑，與升高死亡率有相關性。

　　反觀《三立新聞》的那篇文章，竟然說：「研究中強調，尤其是鈣與維他命 D 複合物可能增加中風的機率。不過研究也發現，葉酸和魚油是例外。」事實上，儘管這項研究有提供葉酸和魚油的數據，但卻完全沒有說這兩種補充劑是對健康有益。也就是說，三立新聞所說的「例外」，根本就不存在。

　　可笑的是，《三立新聞》這篇文章也說：「若民眾從食物中已攝取足夠的維他命、葉酸等營養素，那麼再多吃營養食品，其實對身體沒有什麼幫助」。那，為什麼三立還要自相矛盾，說什麼「只有葉酸和魚油值得買」？

　　我想，唯一合理的解釋是，三立是故意在標題裡放個「僅兩種有效」。如此，就能吸引讀者的好奇（想知道是哪兩種），從而達到騙取點擊的目的。只不過，「僅兩種有效」根本就不是事實。

FDA 將加強監管補充劑

美國 FDA 在 2019 年 2 月 11 號，公布發給十七家公司的十

二封警告信及五封網路諮詢信。這十七家公司被 FDA 發現，正在非法販賣超過五十八種聲稱可以預防、治療或治癒阿茲海默病和其他一些嚴重疾病的補充劑。

　　有鑑於補充劑的氾濫和不實廣告，FDA 局長史考特・高特利伯（Scott Gottlieb）也於昨天發布一份聲明，表示將加強對補充劑的監管。這份聲明的標題是「美國食品和藥物管理局局長關於該機構通過現代化和改革 FDA 監督來加強膳食補充劑監管的新舉措的聲明」[3]，我把重點翻譯如下：

　　1. 使用補充劑，如維他命、礦物質或草藥，已成為美國人生活的常規。每四個美國消費者中就有三個定期服用補充劑。年齡較長者，這個比率甚至升到五分之四。三分之一的小孩也自己服用補充劑，或由父母給予補充劑。這就是為什麼今天我們宣布一項新的政策改進計劃，目的是要實施一項二十五年多來關於補充劑監管的最重要現代化措施。

　　2. 自從二十五年前國會通過膳食補充劑健康和教育法案（DSHEA）以來，補充劑市場已出現顯著增長。曾經是一個價

值四十億美元，擁有大約四千種獨特產品的行業，現在已經成為一個價值超過四百億美元的行業，並且擁有超過五萬種——可能多達八萬種，甚至更多不同的產品。

3. 隨著補充劑的普及，潛在危險產品的營銷數量，或者對其可能帶來的健康益處做出未經證實或誤導的聲明，也跟著增加。為了能在補充劑方面做出選擇，消費者需要獲得安全，製造良好，且適當標記的產品。我的首要目標之一是在確保消費者獲得合法補充品的同時，仍然堅持我們保護公眾免受不安全和非法產品侵害的莊嚴義務，並追究那些不能或不願遵守的行為者的責任。

4. 今天，宣布了我們打算實現這些雙重目標的新步驟。這些步驟包括在對某一補充劑有疑慮時，盡快與公眾溝通，確保我們的監管框架足夠靈活，足以評估產品安全性，同時促進創新，繼續與行業合作夥伴密切合作，制定新的執法戰略，並繼續參與公眾對話，以獲得利益相關者的寶貴反饋。

5. 做為我們全面努力的一部分，今天我們向幾家銷售未經批准的新藥的公司發送了十二封警告信和五封網路諮詢信。原

因是，這些產品聲稱可以預防、治療或治癒阿茲海默病，以及其他一些嚴重的疾病和健康狀況，包括糖尿病和癌症。

6. 這些聲稱可能會導致患者不去尋求 FDA 批准，已被證明對這些疾病是安全有效的醫療產品。近年來，我們也採取行動對抗那些聲稱可以治療癌症和鴉片類藥物癮等嚴重疾病的補充劑。這些執法行動只是我們更新管理膳食補充劑政策框架的整體努力的一部分。

7. 今天，我也宣布了幾個重要步驟中的第一步，以幫助推進我們的重要政策目標。在我們正在考慮或積極制定的步驟中，首先是，當我們擔心某種成分是非法且具有潛在危險且不應在膳食補充劑中銷售時，更快速進行溝通的方式。我們正在開發一種新的快速反應工具來警告公眾，以便消費者可以避免購買或使用含有該成分的產品，並通知相關行業避免製造或銷售。

8. 我相信今天宣布的努力，以及我們將在未來幾個月和幾年內繼續推進的努力，將有助於我們實現這些目標。

　　FDA 局長的這份聲明，老實說就只是一隻沒牙老虎的徒勞。想想看，保健品公司會因為接到一封警告信，就乖乖受縛嗎？沒有嚴厲的處罰，誰會怕。不過，話又說回來，保健品公司（不管是良心還是黑心）幫政府創造了多少就業機會，增加了多少稅收。所以政府把 FDA 這隻老虎拔牙，是有必要的。

 林教授的科學養生筆記

· 從食物攝取足夠的營養素，可以降低死亡率，但是，服用營養素補充劑則可能因過量而增加死亡率

· 美國的膳食補充劑產業，已經成為價值超過四百億美元的行業，並且擁有超過五萬種——可能多達八萬種，甚至更多不同的產品

4-3

安慰劑效應與世界最貴的尿

＃維骨力、皰疹、正分子醫學、蔓越莓、蜂膠

　　讀者茆先生 2019 年 12 月，在我發表的維骨力文章下面敘述他服用維骨力的經驗。他說：「……到現在關節一直都正常。這是我自己的經歷，可是看到教授發表的這些研究結果卻證實維骨力是無效的，心裡很是納悶，所以想請教授釋疑，這當中是否有其他巧合或因素，導致維骨力對我的療效？」（維骨力是否有效，請看《餐桌上的偽科學》第 159 頁）

　　讀者 Chih-Hao Hsu 在 2018 年 12 月，也回覆我關於服用維他命 D 的經驗。他說：「個人經驗是服用維生素 D 會降低感冒及流感機率，即使發病了再服用，流程也縮短很多，而且幾乎完全不會有長期咳嗽等惱人的症狀。」

讀者 LoLo 2018 年 1 月回覆她服用綜合維他命的經驗。她的說法節錄如下：「約莫二十年前我左側太陽穴長了大大的皰疹……之後左臉常常神經痛……我可能是得皰疹時三叉神經受損的後遺症……真是奇蹟。綜合維他命內的某些元素讓我的三叉神經被修復了……」

《南方人物周刊》記者問我：「我最困惑的是，有採訪對象提到，自己吃了蔓越莓膠囊，尿路感染很快好了沒再復發，也有採訪對象說吃了蜂膠凝膠後，臉上一直沒治癒的過敏忽然好了，或者吃葡萄籽膠囊，感覺真的變白了，或長期吃維生素 C，確實每年平均生病的次數明顯減少了。」

2020 年 1 月，讀者 King Wind 詢問：「想請問幽門螺旋桿菌是否需要治療呢？敝人六、七年前有用三合一藥物治療過，那時好像也是幽門菌數減少並無全部消除。最近看了您的書提到益生菌，想說還是別亂吃益生菌，結果不吃後，胃又開始不舒服了，時常胃脹、感覺胃酸分泌過多，晚上睡覺時常有飢餓感，甚至會有一點疼痛。想問林教授，益生菌是否能抑制減少幽門螺旋桿菌呢？（補充說明：這位讀者聽從我的勸告，再去

看醫生，結果血檢表明已經沒有幽門桿菌感染。由此可見，他覺得沒吃益生菌胃就不舒服，是心理作用。事實上，很多人對保健品已經養成習慣，覺得不吃的話，渾身都不對勁。）

明明有效，你為什麼說沒效：安慰劑效應

上面所舉的例子都是患者的自身經驗，而除此之外您也一定聽過某些醫生說病患吃了他們建議的保健品（例如維他命D）之後，病就好了。那，為什麼我的文章都說保健品沒效呢？這個問題如果要完整回答的話，就需要長篇大論，也會艱澀難懂。所以我就只挑一個最容易懂的答案來講。

首先，**保健品和藥品之間的最大區別就是在於前者沒被證實有療效，而後者則有**。所以，法律規定，如果廠商聲稱他們的保健品有療效，就會被處罰。而事實上，很多廠商為了避免被罰，就會在公司網頁的下方用模糊的小字體寫這樣的免責聲明：「這些陳述未經美國食品藥品管理局評估。本產品無意被用於診斷、治療、治癒或預防任何疾病」（絕大多數人不會注意

到）。如此，他們就可以用匿名、別名或見證等方式在其他場合（例如內容農場、臉書）肆無忌憚地宣傳他們的產品能治百病。

一個產品要證實有療效就必須通過臨床試驗，而試驗裡至少必須要有兩組試驗對象：「實驗組」的人是服用該產品，而「對照組」的人則是服用安慰劑。這兩組人在服用該產品或安慰劑一段時間之後，他們需要通過一系列的測試來鑑定他們的症狀是否有所改善。如果實驗組的改善程度遠遠高過對照組的（達到統計學上「有意義」的標準），那該產品就可以說是被證實有療效。

有很多臨床試驗會出現所謂的安慰劑效應，也就是說，對照組的人儘管服用的是安慰劑，但也出現症狀改善。而如此就會使得實驗組和對照組之間改善程度的差別達不到統計學上「有意義」的標準。而如此，這個產品就無法被證實有療效。

「安慰劑效應」是一個醫學界爭論不休的議題。有些學者認為安慰劑效應根本就不存在，而只是實驗沒做好而出現的人為錯誤。但不管如何，有很多產品就因為無法克服安慰劑效應這個問題，而宣告失敗（即無法被證實有療效）。

安慰劑效應既然會在臨床試驗出現，當然也就有可能會在個人服用某一保健品時出現。所以，本文一開頭所舉的幾個例子，有可能就是安慰劑效應。只不過，真相如何，永遠都不會有答案。

不管如何，當我說某一產品無效，我所指的是它沒有通過這樣的臨床試驗來被證實有療效。而本文一開頭所舉的幾個例子，都是屬於這一類不具有臨床證據的產品。至於患者或醫生信誓旦旦說某某保健品有效，那都只能算是「傳言」，而非「證實」。

當然，我也聽過有人說寧可相信「傳言」（即自己或親戚朋友的經驗，或是醫生告訴他的成功案例），而不願意相信「證實」（即正規的醫學報告）。這我就只能說：予以尊重。

維他命藥丸只會讓人排出「世界最貴的尿」

幾個月前好友傳來一支名為「世界最貴的尿」的影片。由於我早就知道「最貴的尿」是什麼意思，所以看完後也就不了

了之。如今為了寫這本書，我才把這支標題是「美國人有世界上最貴的尿」[1]的影片找出來看。

說來可悲，這支影片是由「每日健康」（Everyday Health）在 2014 年 1 月 14 號發表的，到現在已經快六年了，點擊率卻才只有一千多。不管如何，影片長度只有五十八秒，內容是兩位醫生在評論幾篇剛發表的研究論文。唐娜・亞涅特（Donna Arnett）醫生是「美國心臟協會」的主席，她說：「美國人每年花五十億美元購買維他命，但是這項研究顯示，只要你均衡飲食，維他命並沒有什麼幫助」。史提夫・尼森（Steve Nissen）醫生是克里夫蘭診所心血管科的主任，他說：「這項研究一點也不令人感到意外。美國人攝取的營養已經超過他們的需要，所以再補充維他命的話，只會排出很昂貴的尿」。

這兩位醫生所提到的研究，其實是 2013 年 12 月發表在頂尖醫學期刊《內科學年鑑》的四篇論文，標題分別是「用於初級預防心血管疾病和癌症的維他命和礦物質補充劑：美國預防服務工作隊的最新系統證據審查」[2]、「長期補充綜合維他命和男性的認知功能：隨機試驗」[3]、「心肌梗塞後口服高劑量綜合維他

命和礦物質：隨機試驗」[4]、「已經受夠了：不要再浪費錢買維他命和礦物質補充劑」[5]。

前三篇論文分別報導三項大型的臨床試驗，得到的結論是：維他命和礦物質補充劑對「心血管疾病的預防」、「心肌梗塞的治療」及「認知功能的改善」都沒有幫助。第四篇論文則是針對這三篇研究論文所做的編輯評論。從標題就可以看出，編輯們（五位學術地位崇高的醫生）對維他命和礦物質補充劑的濫用，是多麼深惡痛絕。可是，這些學術論文很顯然是杯水車薪，根本對維他命和礦物質補充劑的濫用，起不了任何嚇阻作用。再看看那個「世界最貴的尿」的影片，六年來只有一千二百個點擊！實在是有夠可憐。反觀維他命和礦物質補充劑，這六年來的銷售量至少又成長了兩三成吧。

事實上，「昂貴的尿」（expensive urine）這個貶義詞並非新創，而是已經存在至少三十年了。大衛・果斯基（David Gorski）醫生是韋恩州立大學醫學院外科與腫瘤學教授，他在 2013 年 12 月 19 號發表文章，標題是「補充劑：將你的錢變成昂貴的尿液沖進馬桶」[6]。他說：「我記得在念醫學院時，好幾位

老師曾經不止一次地開玩笑說，服用維他命補充劑對您唯一能做的就是生產昂貴的小便。我在醫學院的第一年大約是三十年前了，而至今還沒有任何證據可以說服我『昂貴的尿』這句話是不對的。如果您的飲食均衡，就不需要補充維他命。當然，這些都不能阻止補充劑製造商企圖說服我們，說綜合維他命和各種單一維他命補充對健康絕對是至關重要，甚至可以治癒疾病。甚至還有一種替代醫學的理論說，如果少量維他命是有益的，那麼更多就會更好。此一替代醫學就叫做正分子醫學」。

我在《餐桌上的偽科學2》（第185頁）中曾專文說明什麼是「正分子醫學」。我說：「它是翻譯自orthomolecular medicine，雖然聽起來冠冕堂皇，卻不是醫學的一個分支或科系。事實上，它被定位為偽醫學，而上個月台灣就有一位施行此偽醫學的醫生死於此一偽科學。」

「昂貴的尿」這個貶義詞也並非是美國專有，而是流通在英語系國家裡。在2017年2月就有好幾家英國媒體幾乎同時報導一則「昂貴的尿」的新聞，例如英國的《獨立報》所報導的內容：「綜合維他命只是創造『非常昂貴的尿液』，醫療首長警

告」[7]。這篇文章指出：「澳州醫學會主席說，綜合維他命對大多數人『無益』，只是製造『非常昂貴的尿液』。麥可·甘農（Michael Gannon）醫生說，很多澳州人的尿液非常昂貴。您需要的是良好的飲食習慣，而不是將錢尿到馬桶裡。」

其實，根據我的明察暗訪，台灣人的尿也是很貴。只不過，到底是誰的尿才是世界最貴的，恐怕是要做一項跨國的大型臨床試驗，才能分出勝負。在還沒分出勝負之前，請您稍微忍一忍，不要太早就呼喊「台灣之光！」。

 林教授的科學養生筆記

· 保健品和藥品之間的最大區別就是在於前者沒被證實有療效，而後者則有。所以，法律規定，如果廠商聲稱他們的保健品有療效，就會被處罰

· 服用維他命補充劑唯一的效果就是生產昂貴的小便。如果您的飲食均衡，就不需要補充維他命

維他命 B，預防疾病有效？ (上)

 # 核黃素、失智症、阿茲海默、肺癌

維他命 B 預防失智症？

2016 年 10 月好友寄來一個電郵，標題是「吃維生素 B 群可以預防失智症嗎？」信裡是一篇刊載於《華人健康網》的文章，出處是「汪國麟醫師的健談室」。讓我吃驚的是，此文發表日期竟然是 2014 年 6 月。為什麼一個專門提供健康資訊的網站，要轉載一篇已經兩年多的舊文呢？何況，縱然要轉載，也應該查一查文章的內容是否正確，或需要新的資訊來佐證。不管如何，我們就來看一看原始文章裡最重要的兩段話：

那麼服用維生素 B 群，究竟與預防失智症又有什麼關係呢？原來，同半胱胺酸在體內是藉由一個叫做「甲基化循環」的新陳代謝徑路來代謝，而「甲基化循環」要能正常運作，就非得要借助於維生素 B12、B6 與葉酸不可。依此推想，維持體內維生素 B 群（尤其是 B12、B6 與葉酸）足夠的量，應該對預防大腦功能退化有一定程度的幫助囉？

　　這個推想事實上已經在一個 2010 年所發表的研究中被證實了。這個隨機雙盲的研究最後的結論是：使用維生素 B 群降低同半胱胺酸後，可以使得有輕微認知障礙的受測者，大腦退化的速度得以減慢。而輕微認知障礙就是失智症早期的現象。

　　上面文章裡有提到一個 2010 年發表的研究，但是卻沒有提供該研究的來源。我做了許多搜尋，就是找不到有這麼一個研究。不管如何，我們就來看一看 2014 年 12 月發表在醫學期刊《神經學》（Neurology）的一篇大型的臨床研究[1]。該研究是由多個研究機構參與，同時又是雙盲隨機，又有安慰劑對照的臨床試驗，所以可信度極高。它調查了 2919 名六十五歲以上，同

半胱胺酸過高的人，也就是上面原始文章裡所說的失智症高風險族群。

這些人每天吃含有 400 微克葉酸和 500 微克 B12 的片劑或安慰劑，共吃了兩年。結果吃葉酸和維生素 B12 和吃安慰劑的人，在認知功能上沒有統計學上的差異。所以，研究人員總結說，吃葉酸和維生素 B12，對同半胱胺酸過高老年人的認知功能，沒有影響。

我在本書中一再提到，「美國國家健康研究院」每年提供數億美元來做維他命和其他補充劑的研究，已經做了二、三十年。結果，這麼龐大的投資，換來的卻只是一再的失望。還要再試嗎？為什麼不想想，**維他命是微營養素。而「微」的意思就是，一點點就夠了。而對有閒錢買維他命的人而言，基本上只存在著營養過剩，而沒有營養不足的問題。**所以，如果讀者諸君真的有心想要預防失智，就多做運動，多和朋友聊天，唱唱歌跳跳舞，快快樂樂過日子。不要再去煩惱維他命吃得夠不夠。

維他命 B 群與肺癌風險

2017 年 8 月《臨床腫瘤學》（Journal of Clinical Oncology）刊載一篇大型的調查報告，標題為「長期補充一碳代謝維他命 B 與維他命和生活形態（VITAL）群組中肺癌風險的關係」[2]。本調查的對象共 7.7 萬多人，年紀在五十到七十六歲之間。他們在 2000 年 10 月至 2002 年 12 月之間參與調查，回答過去十年間服用維他命補充劑的情況，之後接受為期六年的追蹤調查，看是否罹患肺癌。調查結果如下：

　　1. 每天服用超過 20 毫克 B6 的男性，肺癌風險增加 82％。（B6 片劑通常含 100 毫克 B6）

　　2. 每天服用超過 55 微克 B12 的男性，肺癌風險增加 98％。（B12 片劑通常含 500 到 3000 微克 B12）

　　3. 服用維他命 B 群的吸菸男性，肺癌風險增加三至四倍。

　　4. 服用維他命 B 群的女性，肺癌風險沒有增加。

　　為什麼男性的風險會增加，而女性則不會？研究人員臆

測，可能是由於維他命會與男性荷爾蒙有交互作用。**世界癌症研究基金會建議，為了預防癌症，我們應該通過一般飲食來滿足營養需求，而不應依賴補充劑。**

缺乏維他命 B2 致癌？

2016 年 8 月，收到好友轉寄的一篇大作，標題為「每年百萬癌症患者，兇手抓到了！原來和這個有關……」我本來正在撰寫另一篇文章，但看到這篇洋洋灑灑的大作之後，覺得此文的「重要性」值得插播。

為什麼重要呢？請看這幾句從中摘錄的話：「嚴重缺乏維生素 B2 是致癌的根本原因，所以說癌症是人體長期、嚴重缺乏維生素 B2，各種組織、器官功能即將衰竭，總崩潰即將發生的徵兆。如每個收到這份簡訊的人，能夠轉發十份給其他人，肯定至少有一條生命將會被挽救回來……」

是不是很重要？其實不只如此，這篇大作幾乎把所有人類

的疾病都歸根於缺乏維生素 B2。維生素 B2 又叫做「核黃素」（Riboflavin），所以很多研究報告是用核黃素這個稱呼。核黃素廣泛存在各種食物中。市面上買來的各種早餐穀片也都添加了包括核黃素在內的維生素 B 群。所以，要想成為維生素 B2 缺乏的人，還真是不容易。年長者因為食慾不好或消化不良等原因，是比較容易患維生素 B2 缺乏。但儘管如此，一篇發表於 2005 年的調查報告，也才發現六十五歲以上的台灣人大約有 5% 缺乏維生素 B2[3]。

　　最後，關於**維生素 B2 是否可以治療癌症，美國醫學圖書館整理出來的資料，把它定位為「可能無效」**（Possibly ineffective）[4]。至於這篇大作提到的其他疾病，讀者也就省點心吧。總之，用一到十的荒唐度評級，此大作絕對是十，當之無愧。

林教授的科學養生筆記

· 維他命是微營養素。而「微」的意思就是，一點點就夠了。而對有閒錢買維他命的人而言，基本上只存在著營養過剩，而沒有營養不足的問題

· 核黃素廣泛存在各種食物中。市面上買來的各種穀物片也都添加了包括核黃素在內的維他命 B 群。所以，要想成為維他命 B2 缺乏的人，還真是不容易

維他命 B，預防疾病有效？（下）

懷孕、葉酸、妥瑞症、B9、B6

　　讀者陳先生在 2019 年 1 月來信：「林教授好，因搜尋營養的相關訊息而連接至您的網站，簡直如獲至寶。我太太最近剛懷孕，近日造訪過幾位婦產科醫師，順便詢問孕婦該吃哪些保健食品。想不到有位婦產科醫師提出了和其他醫師不同的看法，他說葉酸並不需要補充，補充葉酸只能說是無害⋯⋯這是真的嗎？另外，孕婦在懷孕過程真的不需要補充任何保健食品嗎？」

孕婦補充葉酸（維他命 B9）的必要性

　　葉酸（Folic Acid）也叫做維他命 B9，廣泛存在於食物中，

包括蔬菜、肉類、內臟、酵母、黃豆製品等等。所以，一般人只要飲食均衡，就無需擔心會有攝取不足的問題。

孕婦之所以需要補充葉酸，最主要的原因是有研究發現葉酸不足可能會導致胎兒神經管缺陷（neural tube defects）。所以，儘管很多食物已經含有葉酸，但是為了以防萬一，婦產科醫師通常還是會建議孕婦要服用葉酸補充劑。

「神經管缺陷」指的是神經管閉合不全，而神經管的閉合是在懷孕第二十八天完成。所以，為防止神經管缺陷，葉酸的補充就必須在剛懷孕甚至之前就進行。可是，大多數的準媽媽並不知道什麼時候會懷孕，或什麼時候已經懷了孕，所以可能就會錯失補充的適當時機。有鑑於此，美國在 1996 年立法強制在穀類產品中添加葉酸，而在 1998 年全面完成此一強制行動。所以，在美國的每個人，不論男女老少，有無懷孕，現在全都是被「強制」補充葉酸。

在 2006 年，世界衛生組織及聯合國共同發布一份葉酸添加指南，建議世界各國如何在食物（麵粉）中添加葉酸。目前全世界有 81 個國家有強制添加葉酸的規定，但是實際上完成全面

含葉酸食物排行

品名	份量	葉酸含量（MCG）	每日所需百分比（Daily Value）
牛肝（燉煮）	85g	215	54
菠菜（水煮）	半杯	131	33
黑眼豆（Black-eyed peas）水煮	半杯	105	26
早餐穀物片＊	一日份	100	25
蘆筍（水煮）	4 根	89	22
抱子甘藍（Brussels sprout 冷凍，水煮）	半杯	78	20
羅曼生菜（切碎）	1 杯	64	16
酪梨（生食，切碎）	半杯	59	15
白米（medium-grain，熟食）＊	半杯	54	14
青花菜（切碎、冷凍）	半杯	52	13
芥菜葉（mustard greens，冷凍水煮、切碎）	半杯	52	13
青豆（Green peas，冷凍、水煮）	半杯	47	12
腰豆（Kidney beans，罐裝）	半杯	46	12
義大利麵（Spaghetti，熟食）＊	半杯	45	11
小麥胚芽（Wheat Germ）	2 匙	40	10
番茄汁（罐裝）	3/4 杯	36	9
太平洋大蟹（Dungeness Crab）	85g	36	9
柳橙汁	3/4 杯	35	9
白麵包＊	1 片	32	8
蕪菁葉（Turnip greens，冷凍、水煮）	半杯	32	8
花生（乾烤）	28g	27	7
柳橙（新鮮）	1 小顆	29	7
木瓜（生，切塊）	半杯	27	7
香蕉	中型一根	24	6
烘焙酵母	1/4 茶匙	23	6
全熟水煮蛋	1 大顆	22	6
哈密瓜（生，切塊）	半杯	17	4
素茄汁焗豆（罐裝）	半杯	15	4
大比目魚（halibut）	85g	12	3
牛奶（1% 脂肪）	1 杯	12	3
牛絞肉（85% 瘦肉）	85g	7	2
雞胸肉（烤製）	85g	3	1

1. 資料來源：美國國家健康研究院 NIH，https://ods.od.nih.gov/factsheets/Folate-HealthProfessional/
2. ＊經葉酸強化步驟

性強制添加的國家應當沒這麼多。台灣和中國都沒有強制添加葉酸。（補充：連戰亂頻繁的窮國葉門都有強制添加的規定）

根據半官方的「美國預防服務工作組」（United States Preventive Services Task Force）2017 年發表的一份分析報告[1]，在 1998 年之前（即全面強制添加葉酸之前），孕婦服用葉酸補充劑的確可以降低胎兒神經管缺陷的風險。但是，在 1998 年之後，孕婦服用葉酸補充劑已不再有優勢。也就是說，在有強制添加的國家，孕婦應當無需服用葉酸補充劑。

歐洲國家都沒有強制添加葉酸，主要原因是害怕過量的葉酸會對健康有不良影響。但是，一篇 2018 年發表的回顧性論文認為這種擔憂是沒必要的，因而建議全球全面強制添加葉酸[2]。

神經管缺陷的發生率約為千分之一，這個數字到底是好是壞，可以從兩個不同的角度來看。從樂觀的角度來看，99.9% 的情況下不會有問題；從悲觀的角度來看，全世界每年約有十三萬個胎兒會有問題（目前世界的年出生率是 1.3 億），所以保險起見，補充葉酸是有必要的。由於台灣沒有強制在食物中添加葉酸，所以台灣的婦產科醫師建議孕婦服用葉酸補充劑是無可

厚非。只不過，等到發現懷孕時才服用，可能已經來不及了。

維他命 B6，並非正規妥瑞症用藥

　　讀者潘先生在 2019 年 1 月底詢問：「看了您的葉酸文章，突然想起維他命 B6 的劑量問題。因為我的小孩有妥瑞症，醫師除了開藥安立復外，也建議長期補充維他命 B6。我查過資料，兒童妥瑞補充 B6 的建議劑量從 50mg 到 100mg 都有，以 50mg 為居多，藥局賣的 B6 主要是 80mg，國外保健食品劑量竟然有到 500mg。可是我又發現有網站說長期服用過量的 B6，有可能引致神經感覺失常，甚或行動困難、手腳麻痺、疼痛的皮膚斑塊、對陽光極度敏感、噁心和胃灼熱等。可是卻沒說所謂的過量的 B6 是多少？能否協助找尋一些醫學文獻。另外也希望教授幫忙查詢兒童妥瑞症除了補充 B6 之外，還有什麼最新的治療方式？」

　　妥瑞症（Tourret syndrome）是一種神經性疾病，最常見的

發病年齡是二至十八歲，典型的症狀是不自主的快速和重複的動作或（和）聲音。潘先生所提到的安立復（Abilify）是一種對抗多巴胺神經傳導的藥，常用來治療精神疾病和妥瑞症。

但是，讀者所提到的維他命 B6，則不是「正規的」妥瑞症用藥。我用妥瑞症的英文搜索公共醫學圖書館 PubMed，共搜到四千九百篇論文。可是，用 Tourret syndrome 及 B6 搜索，卻只搜到一篇。

這篇論文是在 2009 年發表的「臨床試驗計劃」，標題是「兒童妥瑞症的新治療法，維他命 B6 與鎂的安全與有效性雙盲隨機 IV 階段研究」[3]。所謂「臨床試驗計劃」，就只是「計劃」，而非真正的「臨床試驗」。更可笑的是，這個計劃都已經過去十年了，到現在還沒有進行。由此可見，這個計劃一定是困難重重，或根本就不值得執行。

我還搜查了所有大規模或較有信譽的醫療機構，包括「美國健康研究院」[4]、梅友診所[5]及 WebMD[6]，但都沒有看到用維他命 B6 來治療妥瑞症。我也查看了「台灣妥瑞氏症協會」的網站，還是沒看到維他命 B6 是治療妥瑞症的選項。我甚至於還查

看了所有中文的，專科醫師所提供的治療方法，也只看到零星幾個有提到維他命 B6。

至於讀者所提到的種種維他命 B6 過量的問題，的確都可以在「美國健康研究院」提供的網頁裡看到[7]。而他想知道的「過量的 B6」到底是多少，這個網頁也有答案。在非醫師處方的情況下，維他命 B6 的上限是：一到三歲，30 毫克；四到八歲，40 毫克；九到十三歲，60 毫克；十四到十八歲，80 毫克；十八歲以上，100 毫克。

最後，讀者詢問的「還有什麼最新的治療方式」，我可以提供一篇 2018 年發表的綜述論文，標題是「妥瑞症藥物管理的現狀與新進展」[8]，我將要點翻譯如下：

有一些正在開發，很有機會用於治療妥瑞症的藥物，例如 deutetrabenazine、valbenazine、大麻素和 ecopipam。還有一些初步數據表明，某些補充劑和替代藥物製劑可能對治療妥瑞症有效，例如 ω-3 脂肪酸、n- 乙醯半胱氨酸、寧東顆粒和 5-ling 顆粒。

　　請注意，這篇綜述論文是鉅細靡遺地討論了所有正在使用中的妥瑞症藥物（包括補充劑），但它卻完全沒有提到維他命B6。所以，綜上所述，對於用維他命 B6 來治療妥瑞症的正當性，我是抱持高度懷疑。

 林教授的科學養生筆記

· 葉酸也叫做維他命 B9，廣泛存在於食物中，包括蔬菜、肉類、內臟、酵母、黃豆製品等等。所以，一般人只要飲食均衡，就無需擔心會有攝取不足的問題

· 由於台灣沒有強制在食物中添加葉酸，所以台灣的婦產科醫師建議孕婦服用葉酸補充劑是無可厚非。只不過，等到發現懷孕時才服用，可能已經來不及了

· 各大醫療機構和有信譽的網站都沒有提到用維他命 B6 來治療妥瑞症，可信度存疑

4-6

被包裝成仙丹的維他命 B3

NAD+、煙醯胺腺嘌呤二核苷酸、輔酶、NIAGEN

2018 年 2 月，讀者來信詢問：「《商業周刊》在 1559 期報導 NAD+ 的研究，在研發產品出來前，請問我們有可能先在三餐飲食中多吃 NAD+ 嗎？要多吃哪些營養和食物，可以吃到 NAD+ 呢？」

李嘉誠的長生不老藥？

信中的附件是一篇《商業周刊》的報導，標題是：「八十九歲香港首富砸逾七億元研究，還親自試吃。長生不老藥大戰，李嘉誠、貝佐斯搶加入」。標題上面有一個花絮，是由十幾個看

似細胞、腸子之類的小圖拼湊而成的圈圈，正中間寫道：「新一代抗老藥，讓六十歲的身體擁有二十歲的細胞。」

這篇報導的出刊日期是 2017 年 9 月 28 號，但其實相關的新聞在 2017 年的 6 月就已出現。在討論這篇報導之前，我需要先糾正這位讀者的錯誤認知。首先，「在研發產品出來前」是錯誤的，因為該產品早已上市。再來，「多吃 NAD+」也是錯誤的，因為該產品並非 NAD+，而是一個聲稱能增加 NAD+ 的維他命。下一段，我就來跟讀者分析李嘉誠的「長生不老藥」到底是啥東西。

NAD 的全名是「煙醯胺腺嘌呤二核苷酸」（Nicotinamide adenine dinucleotide），是存在於全身每一個細胞裡的一種輔酶，由於它跟細胞的能量及 DNA 修復有關，所以才會被認為有返老還童的作用。

NAD+ 的加號，是代表著 NAD 是處於氧化的狀態。而當 NAD 是處於還原的狀態時，它就變成 NADH。到底是 NAD+ 還是 NADH，對普羅大眾並不重要，所以接下來的討論中，我就只用 NAD。

由於 NAD 被認為有返老還童的作用，所以有一家叫做 ChromaDex 的美國公司就是在賣一種名為 NIAGEN 的補充劑，號稱可以提升身體裡 NAD 的濃度，達到返老還童的目的。李嘉誠旗下的「維港投資」就是在 2017 年 4 月投了兩千五百萬美元到這家公司。那，NIAGEN 真的有返老還童的作用嗎？

NIAGEN 裡面最主要的成分是「煙酰胺核糖苷」（Nicotinamide Riboside，NR），而 NR 是一種維他命 B3，所以有人說 NIAGEN 是很貴的維他命 B3。目前已經發表的，規模非常小的臨床研究顯示，服用 NIAGEN 是安全的。但是，到現在，還沒有任何臨床研究顯示，服用 NIAGEN 對健康有任何好處。

NR 可以從食物（如牛奶）中攝取，但每天所能攝取到的量，是遠遠不及補充劑，更不用說能幫助返老還童了。所以，您如果選擇相信《商業周刊》報導所說的「長生不老藥」，那就去吃 NIAGEN 吧。但是，不管有效沒效，請千萬別說是我推薦的。相信已經看了本書數十篇文章的讀者，應該很清楚我對於這些補充劑的立場。

潘石屹吞仙丹，指甲長快了？

讀者 Patrick Cheng 在 2019 年 1 月用英文來信詢問：「林教授好，看到一篇 2019 年 1 月的《世界日報》文章，內容是中國最大建商之一的 SOHO 首席執行長潘石屹先生，聲稱自己正在服用保健食品公司 Elysium Health 生產的補充劑，名叫 Basis，該補充劑並有麻省理工學院和七位諾貝爾獎得主的背書。他說該補充劑使指甲比平常長得更快，這意味著 Basis 有作用。我應該相信有錢又有名的他說的話嗎？」

《世界日報》那篇文章的標題是「啥都敢吃……潘石屹吞長生仙丹，自曝身體變化」，文章重點整理如下：1. 潘石屹在微博發文稱自己從來不相信保健品，但最近吃了一款麻省理工學院研發的「長生仙丹」，發現自己指甲長得很快。2. 仙丹的售價是六十美元一瓶，主要成分是 NR（煙醯胺核苷，也叫 Niagen）。3. 早在 2017 年，前任哈佛大學醫學院院長傑夫瑞・弗萊爾（Jeffrey Flier）就在波士頓環球報發表一篇文章，批評

Elysium Health 公司借用七位諾貝爾獎得主和十四位知名教授的光環，宣傳行銷一個還沒有被科學研究證實對人有效的保健品。

Niagen 只是一種維他命 B3

我之前其實就發過文，說此「仙丹」的主要成分 Niagen 其實就是一種維他命 B3，只不過冠上了藝名，就能標個幾十幾百倍的價錢。我也提到，生產 Niagen 的公司叫 ChromaDex，而李嘉誠旗下的維港投資在 2017 年 4 月投了兩千五百萬美元到這家公司。由於 ChromaDex 和 Elysium 都在賣 Niagen，所以兩間公司正在打官司。

另外，我也在 2018 年 10 月發文討論同類的另一款仙丹神藥「煙醯胺單核苷酸」（NMN）。這三款仙丹神藥除了屬於同類外，還有一個共同點，就是都有頂尖的大學、科學家和企業家的投資或背書。所以《世界日報》的文章裡有說：「網友酸說 MIT 也有騙子啊」。其實這也難怪，錢既然能使鬼推磨，當然也能使頂尖大學和諾貝爾獎得主背書。

林教授的科學養生筆記

· 「仙丹」的主要成分 Niagen 其實就是一種維他命 B3，只不過冠上了藝名，就能標個幾十幾百倍的價錢

· 目前已經發表的，規模非常小的臨床研究顯示，服用 NIAGEN 是安全的。但是，到現在，還沒有任何臨床研究顯示，服用 NIAGEN 對健康有任何好處

素食者該如何攝取維他命 B12

#海藻、素食、貧血、海苔、天然、早餐穀片

2019 年 5 月 5 號，我的 LINE 群組收到一支影片，那是一位轉型為養生專家的牙醫師所發表的演講[1]。他說海藻含有大量的維他命 B12，所以吃素的人可以從海藻攝取到足夠的維他命 B12。但是，這樣的說法是正確的嗎？（以下維他命 B12 簡稱為 B12）

素食者從海藻攝取 B12 的問題

我想，大多數人知道 B12 不足會導致貧血。但其實，B12 的重要性絕對不止是造血所需而已，它是我們全身上下每一個

細胞都需要的營養素，因為沒有它就無法進行 DNA 複製。它還有很多其他的生理作用，但是在這裡就不多說了。總之，B12 是一個我們每個人都必須確保能夠攝取到足夠量的營養素。

葷食的人，除非是有胃腸道消化或吸收不良之類的問題，否則是不會有 B12 攝取不足的問題。但是，素食者（尤其是全素的人）這方面的風險則相當高。至於為什麼，我先跟讀者解釋兩件事，一是「種類」，二是「吸收率」。

B12 有很多不同的化學結構，而有些是具有活性（可以被我們的細胞利用），有些則沒有（無法被我們的細胞利用）。為了容易區分起見，文獻裡特別把沒有活性的 B12 統稱為「假B12」（Pseudovitamin B12 或 Pseudo-B12）。B12 是所有維他命裡分子量最大的，約 1400（維他命 C 是 176），而它在消化道裡的分解及吸收過程也是最複雜的。從食物被吃進胃裡，其所含的B12 就需要通過一系列的分解、結合，再分解、再結合，最後才能被小腸吸收。而也就因為此一過程是如此複雜，所以有很多因素會影響 B12 的吸收。

所有 B12（不管是什麼化學結構）全都是通過同一過程才

會被小腸吸收，所以，當被吃進肚子裡的食物同時含有多種 B12 時，「假 B12」就會降低「真 B12」的吸收率。也就是說，食物裡如果含有大量的「假 B12」，就可能會引發 B12 不足的症狀。

含有 B12 的植物是少之又少，而含有「真 B12」的植物，就更是鳳毛麟角。還有，由於植物（包括海藻）的生長並不需要 B12，所以縱然含有 B12（偶爾從細菌取得），它的量也是極不穩定。因此，**素食者如果堅持要從植物（例如海藻）來攝取 B12，那所攝取到的量就有可能會不足。更嚴重的是，由於植物（例如海藻）所含的 B12 裡可能會有很高比例的「假 B12」，所以吃了這樣的植物，反而會提升 B12 不足的風險。**

一個專門研究海苔與 B12 的日本團隊在 1999 年發表研究論文[2]。其結果顯示，海苔在還是生（未經乾燥）的時候，就已經含有很高比例的「假 B12」（約 27%），而在經過乾燥處理後，這個比例更會提升到 65%。用人做的實驗更顯示，生的海苔會提升 B12 不足指數 5%，而乾的海苔則會提升 B12 不足指數 77%。附帶一提，此一 B12 不足指數是根據尿液裡的甲基丙二酸（methylmalonic acid）濃度。

　　這個日本團隊在同年也發表另一篇研究論文[3]，結果顯示，螺旋藻補充劑所含的 B12 大多是「假 B12」。同一團隊在 2014 年發表另一篇回顧性的綜述論文[4]，其中提到，市面上的小球藻補充劑雖然有些含有「真 B12」，但有些則完全沒有。

　　綜上所述，素食者如果堅持要從植物（如海藻）來攝取 B12，那就是在跟自己的健康，甚至性命，開玩笑。經常看我文章的讀者應當都知道，我一向是反對吃維他命補充劑，但我卻寫過「素食者需要吃 B12 補充劑」（《餐桌上的偽科學》第 106 頁）。由於這個議題在當時只是順便一提，所以我並沒有做任何解釋。如今，讀者在看過上面的說明之後，就應當知道是為什麼了。

　　素食者攝取 B12 的最佳途徑就是吃添加了 B12 的穀物片。這種食物在美國通常是在早餐吃，叫做「早餐穀片」（Breakfast cereals），但其實可以在任何一餐吃，甚至於當零食吃。吃綜合維他命是素食者攝取 B12 的另一條途徑，但由於我們的腸道一次只能吸收約一微克的 B12，所以多餘的會從糞便排出。順帶一提，大腸裡的細菌也會製造 B12，所以野生或野放的動物會吃田野裡的糞便來攝取 B12。

比較嚴重的是，一篇 2019 年 5 月發表的研究，發現過度攝取 B12 會增加骨折的風險 [5]。**不管如何，請吃素的讀者一定要認清，堅持從植物攝取 B12 是具有危險性的**。對於這個議題有興趣的讀者，可以參考附錄裡的其他幾篇相關資料 [6]。

維他命 B12 濃度越高，死亡率越高

2020 年 1 月 15 號，《JAMA：美國醫學會期刊》發表了一篇論文，標題是「荷蘭一般人群中維他命 B12 的血漿濃度與全因死亡率的關係」[7]。我想，**絕大多數人知道維他命 B12 對健康很重要，但是，絕大多數人卻不知道過度攝取維他命 B12 是很危險的**。我在前一段文章勸告素食者不要聽信某「養生專家」要從海藻攝取維他命 B12 的建議，文章的結尾我提供了一篇當時剛發表的研究論文，標題是「在護士健康研究中，停經後婦女的食物和補品中維他命 B6 和 B12 的高攝入與髖部骨折的風險相關」[8]，此文表明過度攝取維他命 B12 會增加骨折的風險。除了會增加骨折風險之外，過多的維他命 B12 也與死亡率有正相關

性。請看下面這三篇研究論文：

一、2018 年 8 月發表的《老年醫學雜誌》（The Journals of Gerontology）論文，標題是「所有參與者的總同型半胱氨酸水平升高和女性血漿維他命 B12 的濃度與非常老的全因和心血管死亡率有關：Newcastle 85+ 研究」[9]

二、2017 年論文，標題是「有營養風險的成年患者血漿維他命 B12 濃度升高是住院死亡率的獨立預測因子」[10]

三、2016 年論文，標題是「血液透析患者血清維他命 B12 和葉酸與死亡率的關係」[11]

上面這三篇論文都是針對特殊族群（高年、洗腎、住院）所做的研究，然而本文開頭在美國醫學會期刊發表的這一篇，則是針對一般人，所以更值得大眾關注。這項研究的調查對象在一開始時總共有 40,856 人，但在經過一系列的篩選之後，最後合格的只剩下 5,571 人（男女約各半，平均 53.5 歲）。他們依照血漿維他命 B12 濃度的高低被分配成四組，第一組的維他命 B12 濃度是小於 338.85pg/ml，第四組則為大於 455.41pg/ml。在經過

八年多的追踪，以及去除所有可能的干擾因素（如年齡、性別、肥胖、腎功能等等）之後，分析的結果發現，第四組的死亡率約為第一組的兩倍。有鑑於此，研究報告的最後提供這樣的建議：

有關維他命攝入過多，特別是維他命B12，已引起關注。Løland 等人在 2010 年進行的一項研究報告說，補充維他命 B 對冠狀動脈疾病的進展沒有有益的作用，正如先前所假設的那樣。此外，在一項針對 75,864 名女性的前瞻性研究中，補充維他命 B12 與髖部骨折風險增加相關。從這個意義上來講，我們的結果還可能建議，在沒有維他命 B12 缺乏的情況下，對於是否要補充維他命 B12，應謹慎行事。

林教授的科學養生筆記

· 素食者如果堅持從植物（如海藻）來攝取 B12，是很危險的行為。素食者需要靠吃補充劑或添加了 B12 的穀物片。這種食物在美國通常是在早餐吃，叫做「早餐穀片」

保健食品大哉問（上）

魚油、褪黑激素、膠原蛋白、安慰劑、腎衰竭

　　中國大陸的《南方人物週刊》記者趙蕾小姐在 2019 年 5 月用郵件採訪我，其中大部分的問題是關於保健食品和所謂的膳食補充劑的，以下兩篇文章就是這二十一個問題和我的回答。

　　問題一：在大陸，我們把國內外各類品牌的蛋白粉、果蔬營養片、蔓越莓膠囊、魚油、膠原蛋白、護肝片等，統稱為保健品，我看您提到在美國叫「膳食補充劑」，在您瞭解到的醫學和營養學系統裡，「膳食補充劑」還有具體的分類嗎？依據和區分是什麼？（大陸將日常食用的保健品分類為營養素補充劑和功能型保健食品）您是如何理解「保健」和「膳食補充」呢？

回答：「膳食補充劑」是醫學和營養學的正規名稱，而它的對等英文 Dietary Supplements 也是一般美國人所慣用的。反過來說，「保健品」並沒有對等的英文，而這個詞似乎是在大陸或台灣創造出來的。它是比「膳食補充劑」來得通俗順口，但卻會誤導民眾，以為對健康有好處。「膳食補充劑」並無正規的分類，但一般的認知是分為維他命、礦物質、動植物萃取物、蛋白質、氨基酸、魚油、酵素等等。

問題二：我有一個採訪對象提出了這樣的疑問，他說吃了褪黑素睡得快，睡眠質量好，也不至於有依賴性，但是一般醫院的醫生貌似不會給患者開這樣的處方或推薦和提議吧？單純因為它們不是藥品或還有其他原因？

回答：「見證」是慣用的行銷手法，但卻是完完全全不能相信的。所有有關褪黑素的功效，包括最常聽到的「幫助睡眠」，都是證據不足，可以看拙作《餐桌上的偽科學》第 234 頁〈若有似無的褪黑激素奇蹟療法〉。

問題三：您能否談談藥品和保健品從性質、生產、效用等方面的具體差異？那麼，什麼身份的人最合適或有資質給普通人提出科學食用保健品的建議呢？

回答：「藥品」在上市前必須證明既有效又安全，所以需要大量的資金及時間才能研發成功。反過來說，「保健品」既不需要證明有效也無需證明安全，所以任何商家都可以在網路或任何其他管道販賣自稱的保健品。「最合適或有資質給普通人提出科學食用保健品的建議」的人，是在醫學有深厚的底子，在營養學有廣泛的涉略，而又沒有任何金錢利益瓜葛的學者。

問題四：很多人至今相信維生素 C 可以預防或治癒感冒，但很多年過去，國外有很多研究室和機構通過實驗等方式，分別從正反兩方面證明自己觀點的正確性，似乎正反方誰也沒有贏得最終的勝利，從大眾的角度去看，對於保健品的功效定義似乎陷入了僵局，您覺得為何會長期存在這樣的僵局呢？

回答：台語有句俚語「有呷有保庇」（有吃有保佑），意思是，保健品這類東西，只要有吃就會對健康有好處。這種想

法是古今中外皆然。那，既然消費者有此需求，科學家就能利用它來成就功名，商人就能靠它來賺錢，政府就能拿它來降低失業率和增加稅收，真可以說是皆大歡喜。所以，與其說是僵局，還不如說是「完美的結合」。至於維他命 C 可以預防感冒的神話，已被證實破滅，可以複習《餐桌上的偽科學 2》181 頁。

　　問題五：這幾年，又看到說維生素 D 能夠預防感冒和流感或抗癌的報導，但你的網站上也貼出相關醫學期刊說維生素 D 補充劑會增加死亡風險。您認為在醫學界，維生素 C 和維生素 D 是否能預防或治療感冒的問題，到什麼時候算是有了一槌定音的定論？如果沒有，原因又何在，是否主要源於科學或人的某些不確定性和限制，這個案例是否適用於其他保健品？

　　回答：維他命 C 和 D 之所以會演變成萬靈丹，是透過不同的科學途徑。至於是哪些不同的科學途徑，在這個訪談裡是無法說得清楚的。至於它們預防或治療感冒的功效，醫學上的證據其實是很明顯的一面倒，即反對的一方是遠遠勝過贊成的一方。但是，大多數民眾對於科學證據是嗤之以鼻，只選擇相信

他想要相信的。而就是因為這樣，那些傾向於贊成的專家學者就會繼續有心或無意地製造更多的錯誤數據。

　　問題六：我最困惑的問題是，曾有採訪對象提到，自己吃了蔓越莓膠囊，尿路感染很快好了沒再復發；也有採訪對象說吃了蜂膠凝膠後，臉上一直沒治癒的過敏忽然好了，或者吃葡萄籽膠囊，感覺真的變白了；或長期吃維生素 C，確實每年平均生病的次數明顯減少了，所以會一直堅持吃這些保健品。我查詢很多資料，發現這些保健品的功效都分別被國內外一些醫生逐一反駁過，您遇到過服用者使用情況和醫生論證說法自相矛盾的情況嗎，有可能是什麼原因造成的呢？

　　回答：如果您採訪的對象是刻意安排的，那就無需再討論。如果您採訪的對象是路人甲或路人乙，那最有可能的解釋就是「安慰劑效應」。人的心靈是具有治療的功能，當你相信某一物質（或神明）有效時，就可能會出現療效[1]。但是，由於會出現「安慰劑效應」的人畢竟是少數，所以他們也就無法「瞞過」嚴謹執行的臨床試驗。還有，大多數「安慰劑效應」是短暫的，

所以當你幾個月之後再去採訪那個人，他可能就會跟你說，沒效了。另一個可能的解釋是，接受採訪的人誇大效果來滿足個人的成就感。

問題七：但凡有醫生或權威機構的論證說明或實驗結果佐證，又是否可以理解為某類保健品都沒有其宣傳的功效？我看您也提到過，保健品是不需經過臨床實驗證據表明它針對某類身體問題有顯著效果，那麼如果有一些醫學機構的實驗證據，是否就能進一步推論普通人（除特殊人群）吃的大部分的保健品是幾乎無效的呢？

尤其想問在女性中非常受歡迎的膠原蛋白、抗糖、美白丸這一類偏醫美的保健品。比如有個做健身教練的採訪對象提到一個叫「顏如玉」的膠原蛋白口服液，說是中國女排專用產品，

採訪對象說這種小分子膠原蛋白肽符合膠原蛋白被人體吸收分解再造的過程，與一些科普文章說的口服膠原蛋白無法以膠原蛋白的形態重回皮膚相悖，還想請您詳細解答這個疑問。

回答：您提到的這些全都是行銷手法。膠原蛋白，不管

是大分子還是小分子，都是會在胃腸裡被分解成氨基酸，而也只有氨基酸才能進入血液循環系統。這些進入血液循環系統的氨基酸會被用來合成各式各樣的蛋白質，而也許其中千萬分之一會是一個膠原蛋白分子。另外，請注意，口服膠原蛋白通常是萃取自豬皮，所以如果它真的會直接去填補顏如玉的肌膚底層，那顏如玉的皮不就變成豬皮？更多關於膠原蛋白的迷思，可以看《餐桌上的偽科學》147頁。

問題八：最近中國國內有案例顯示，一位男性因為服用維生素D補充劑超量，損傷了腎臟，去年我也看到有二十二歲的大學生瘋狂吃保健品，被醫院查出腎衰竭的新聞，是否能分析為什麼吃保健品會得腎衰竭呢？

回答：腎臟就像污水處理廠，把血液中有用的東西回收，把沒用的東西排出。這些沒用的東西裡，有些是有毒的，所以會傷害腎臟。以維他命D過量為例，它會造成高血鈣，而過多的鈣會沈積在腎臟裡，從而導致腎衰竭。在我的網站裡我一再強調，維他命是微營養素，也就是說，一點點就夠了。過多攝

取只會增加肝臟和腎臟的負擔。美國的毒物控制中心每年接收到約六萬個維他命中毒的案例，以及另外五萬多個膳食補充劑中毒的案例。這些還都只是被報上去的。沒被報上去的可能還有好幾十倍。

問題九：我在一些國內的報導中搜到「美國的數據顯示，在過去的十年，美國膳食補充劑引起的藥物性肝損傷大幅增加，一些號稱能減肥、瘦身、提升性功能的保健品都大量的被報導引起肝損傷，不知您是否有看到過更具體的權威機構的更新更全面的調研數據？

回答：可以參考附錄裡面這篇「美國毒物控制中心」2017年的報告[2]。

問題十：一些研究稱，國內導致肝損傷的保健品種類也五花八門，如葡萄籽膠囊、蛋白粉、蜂膠、膠原蛋白口服液等，前陣子我看一位湖南衛視的知名主持人吳昕在一檔綜藝節目裡每天吃九種保健品，包括魚油、紅參飲料、葡萄籽膠囊、維生

素C、維生素D、鈣片、護肝片等。之後她被朋友拉去看中醫，醫生說可能會「肝損傷」這樣的話，吃保健品導致肝損傷的原因可能是什麼，與腎衰竭同理可證嗎？

回答：被小腸吸收的東西，不論是好的（如營養素）或是壞的（如毒素），全都要送到肝臟處理。這些東西一旦超過肝的負荷量，就會造成肝的損傷。儘管肝損傷和腎衰竭的病理機制不一樣，但是起因都是在於攝取過量的微營養素。

 林教授的科學養生筆記

· 「藥品」在上市前必須證明既有效又安全，所以需要大量的資金及時間才能研發成功。反過來說，「保健品」既不需要證明有效也無需證明安全，所以任何商家都可以在網路，或任何其他管道，來販賣自稱的保健品

· 人的心靈是具有治療的功能，當你相信某一物質（或神明）有效時，就可能會出現療效。但是，由於會出現「安慰劑效應」的人畢竟是少數，所以他們也就無法「瞞過」嚴謹執行的臨床試驗

4-9

保健食品大哉問（下）

＃素食、熬夜、葡萄籽、蔓越莓

　　本篇接續上篇《南方人物》週刊的採訪，繼續提出十一個常見的膳食補充劑疑問。

　　問題十一：我看您書中提到，一些實驗表明，過量的補充，例如高劑量的胡蘿蔔素、葉酸、維他命 E，反而可能產生包括死亡率上升、癌症和出血性中風的有害影響。這個前提是否指超量的服用某種補充劑？這個高劑量的邊界有具體的指標嗎，這些實驗結果的適用範圍和人群又是什麼，您是否接觸或瞭解過高劑量補充造成死亡的案例呢？

　　回答：不同的微營養素會有不同的劑量界限，所以不可一

概而論。但是，不管它們的個別劑量界限是什麼，可以確定的是，市面上的維他命，或是其他補充劑，對我們的身體而言，都不是正常的。這是因為，我們身體這部機器，從沒有被設計來接受突然間大劑量的微營養素。打個比喻，一條公路平常時候是交通順暢，但是一到了上下班就塞爆了。當我們從食物中攝取微營養素時，一切處理過程都是順暢的。但是當我們吃維他命丸時，如此大量的微營養素就會癱瘓我們的系統。

　　問題十二：據您瞭解，目前查閱或得到過關於服用保健品有危害的信息和資料大概能涉及多少種的膳食補充劑呢？除了維生素群，能聊聊某個您接受咨詢較多的補充劑具體的危害和產生危害的原因嗎？（在大陸，最受歡迎的是蔓越莓膠囊、葡萄籽膠囊和魚油）

　　回答：維他命 D 是最被關注的，其他如氨基酸、胜肽、魚油也算較常出現。但是，蔓越莓膠囊及葡萄籽膠囊，則從未出現過。我常被諮詢的是關於補充劑的功效，而非危害。這可能是因為，補充劑的危害是長期且慢性的，一般人不會注意到。

問題十三：假設年輕人每天的服用劑量在人體所需的標準範圍內，且是通過正規管道購買知名品牌的保健品，有可能損害到身體嗎？

回答：還是有可能會發生，尤其是因為藥與藥之間的相互作用。例舉來說，銀杏、納豆、魚油、大蒜都會增加出血的風險。

問題十四：我看您在網站中提到，「對老年人的研究發現，補充劑與藥物相互作用的潛在可能性從 2005 年到 2011 年顯著增加，從 8％增加到超過 15％」這個相互作用的潛在可能性是否有一些具體的例子和所指呢？可能性指的是什麼呢？那麼對於年輕人呢，有新的研究報告出爐嗎？

回答：該研究是發表於 2016 年，標題是「美國老年人處方藥、非處方藥與膳食補充劑的改變，2005 與 2011 年」[1]。比較具體和通俗的例子是，大蒜跟華法林共用會增加出血的風險。另一例子是，菸酸和他汀類藥物共用會增加肌病、橫紋肌溶解和腎衰竭的風險。目前沒有關於年輕人的研究報告。

問題十五：在大陸，多數人更願意相信澳洲和美國的品牌，認為國外的品質和監管更加嚴格，您對這一塊一定更有發言權，是否能結合國外膳食補充劑的市場監管的法律或行業規範，談談您的觀察和實際情況嗎？比如有沒有相關產品的成分控制要求、統一的濃度標準、臨床標準，是否需要實現？國外市場有哪些問題或監管漏洞，您有好的提議嗎？

回答：我對大陸或澳洲的控管並沒有特別關注，但是相信他們是跟美國差不多。在美國，補充劑的控管是採取「亡羊補牢」的政策，也就是說，只有在出了重大傷亡事故的情況，政府才會介入。我個人認為，政府會採取這種政策是因為：一、管不了那麼多；二、補充劑行業可以創造就業，促進經濟，增加稅收。至於補充劑是否有效，那是消費者的問題，不是政府的（就好像政府不會管你去菜市場買了什麼東西一樣）。

問題十六：國內有不少營養師認為，長期飲酒、加班熬夜、膳食不規律、食物品種單調、全素飲食等情況下，營養缺乏的風險很大，如果生活方式調整有難度，是可以在醫生的指導

下，用一些營養素補充劑來補充維生素礦物質，或者用一些功能型保健食品來提高人體機能的。您怎麼看這個觀點？

回答：這不是正確的觀念。不良的生活習慣已經對身體造成傷害了，怎麼還要用補充劑來增加肝臟和腎臟的負擔？當務之急是要先去除不良的生活習慣，而如果真的需要補充，那也最好是吃富含維他命及礦物質的食物。再不然，就是吃添加了維他命及礦物質的食物，但絕對不要吃任何藥丸。全素的人最好是曬太陽及吃菇類來攝取維他命 D，以及吃藻類及發酵的食物（如醬瓜、泡菜）來攝取維他命 B12，其次的選擇是吃添加了維他命 D 及 B12 的食物。（註：有少許種類的海藻含有維他命 B12，但其含量及品質都不穩定，所以不建議只是從藻類來攝取維他命 B12，請看本書 236 頁）

問題十七：上文中提到的這些情況，加班熬夜和膳食不規律等，我感覺現在在北京、上海等大城市打拚的年輕人很多都符合這樣的特徵，是否代表他們應該考慮服用保健品，您會給出什麼樣的具體建議呢？您給需要服用保健品的人群分類嗎？

普通人是一定需要遵循醫院醫生的建議嗎？按理說，醫生有必要提供選購的具體品牌和劑量嗎？或者在什麼情況下，醫院會直接開保健品的配方嗎？

回答：如果非要補充不可，那就吃有添加維他命及礦物質的食物，而不是藥丸。絕大多數的醫生對於營養學是一竅不通。這是因為醫學院並沒有提供這樣的課程。請看 2019 年 3 月 21 號 JAMA 發表的文章，標題是「醫學院的營養學課程，住院醫師和實習醫師」[2]。

問題十八：您是否觀察到服用保健品的人群日漸年輕化？如果有，能否嘗試聊聊這種變化：年輕人熱衷於吃保健品是從什麼時候開始的，有什麼時代背景或契機，大家對保健品的痴迷可能源於哪些因素呢？平日向您請教有關保健品的人或問題能佔就診或咨詢的幾成？

回答：我沒有特別關注年紀這個因素。但是，補充劑業者是有在加強對年輕族群的廣告與推銷，有興趣的讀者可以看附錄的這篇文章[3]。

問題十九：我感受到現在大眾更傾向於透過自行搜索知識的方式進行「自我診斷和治療」，而不是相信專業醫生的意見，從您的從業經驗看，是什麼原因造成的呢？

回答：我同意。最主要的原因應該是網路提供了一個可以「自我掌控」的平台。而反正大多數人本來就只相信他願意相信的，所以什麼是真科學，什麼是偽科學，對他們來說並不重要。

問題二十：作為普通人，想要判斷某個保健品是否適用、有效，您認為有沒有什麼方法可以從網路海量繁雜的訊息裡找到科學的論證呢？有類似個人需不需要，以及吃哪種保健品，怎麼吃的科學權威的指南嗎？我舉個例子，看到您也提到魚油中含有 N-3 不飽和脂肪酸，能夠補充包括 EPA 和 DHA，很多報導也用期刊論文和研究報告論證魚油對軟化血管的作用。

但是，2005 年，JAMA 稱研究者對 200 名植入了心臟起搏器的患者進行了分組試驗，發現吃魚油並沒有降低他們各種心血管症狀發生的概率。JACC 也發佈過研究結果，服用魚油並

不能減少心律失常患者的房顫復發風險。面對這些紛繁的信息時，人們如何判斷呢？感覺大家只相信自己願意看到和選取的。

回答：在我看到您這個問題之前，我已經說了兩次「大多數人只相信他願意相信的」。我也已經說了兩次「大多數人根本就不在乎科學」。您提到的這些醫學研究也許有一天會被政府或學術團體採用，放進他們制定的指南。但是，消費大眾買不買單，就只能聽天由命了。

問題二十一：還有什麼有關保健品的問題是我沒有考慮到但您想要強調和補充的嗎？或者若您願意分享一些病人就診的經歷和經典案例。其實，我個人比較好奇您開設那個「科學的養生保健」網站的原因和願景，如果您願意簡單聊聊的話。

回答：我創立科學的養生保健，最主要是因為我看不慣騙子橫行、偽科學氾濫。但是儘管如此，我並不存有任何妄想能夠扭轉偽科學當道這個已然不可逆的局勢。就好比湍急溪流中的一顆石頭，這個網站可以讓「有緣人」抱住，不致被沖入深淵。所以，只要有緣人還願意來這個網站尋求真科學，我就樂

意為他們服務。至於願景，我還是一樣，就只是抱持著隨緣的心態。

　　當然，我歡迎媒體來介紹這個網站，幫助度化更多「有緣人」。譬如台灣的一心出版社主動來找我合作，將我的文章匯集成冊，在 2018 年底和 2019 年中發行了《餐桌上的偽科學》1&2。這本書在台灣曾登上排行榜第一名，而它的簡體字版也已經售出，即將出版。之後，應該還會有第三本，第四本……但是，不管是幾本，我都會捐出所有版稅給弱勢兒童青少年。所以，度化更多有緣人及幫助弱勢兒童青少年，就是我的願景。

 林教授的科學養生筆記

· 不良的生活習慣已經對身體造成傷害了，不要用補充劑來增加肝臟和腎臟的負擔。當務之急要先去除不良的生活習慣，而如果真的需要補充，那也最好是吃富含維他命及礦物質的食物

· 市面上的維他命或其他補充劑，對於我們的身體都不是正常的，因為我們身體這部機器，並沒有設計來接受突然大量的微營養素

4-10

破解「抗癌四大營養密碼」

#硒、維他命 D、大蒜、茶

2017 年 6 月，我收到了一篇「每日健康」網站的文章，標題是「罹癌率下降 66%！醫師揭開抗癌四大營養密碼，這樣吃杜絕癌細胞生路！」和「預防癌症四大關鍵營養品」。我把其中提到的這「四大關鍵營養品」以及為什麼「關鍵」，摘錄如下：

第一樣「硒」，國內外醫學界和營養學界，甚至將硒稱作「抗癌之王」。1983 年美國亞歷桑納癌症中心做了一項研究……硒可以大幅度降低攝護腺癌 66%、大腸癌 50%、肺癌 40%。第二樣維生素 D，維生素 D 近年來被各界譽為「超級營

養素」，已有多項人體對照雙盲研究證實，維生素可以促進細胞凋亡，防止癌細胞的增生與擴散。第三樣大蒜，大蒜除了眾所熟知的調味用途外，更被美國國家癌症組織列為「全世界具抗癌潛力的食物」。一九八六年，愛荷華州一項 41,837 名婦女、追蹤四年的大規模研究，發現常吃大蒜的女性，可以減少 30% 罹患大腸癌的比率。第四樣是茶，茶中的兒茶素可成為癌症化療藥物赫賽丁（Herceptin）的載體，幫助化療藥物赫賽丁更精準的找到惡性腫瘤並殺死癌細胞。

　　好，我在本文將告訴讀者，這「四大關鍵營養品」，是否真的能杜絕癌細胞生路。首先，有關硒（selenium），讀者有沒有注意到該文章裡的「1983 年」？三十四年前！引用一個三十四年前的研究，也未免太欺負人了吧。難道說，癌症研究是如此不堪，竟然停留了三十四年。當然不是！只不過，**這三十四年來，數十個臨床研究已經證實了，硒補充劑非但不能防癌，反而會增加癌率。**不信的話，我就隨便抓四篇近年的研究報告，供讀者參考：

一、2017 大腸癌報告，篇名是「參與 SELECT 隨機試驗用硒和維他命 E 來預防攝護腺癌的人的結直腸腺瘤」[1]

二、2016 大腸癌報告，篇名是「用硒補充劑來預防結直腸腺瘤和伴發 2 型糖尿病的風險」[2]

三、2014 攝護腺癌報告，篇名是「血漿維他命 D 和攝護腺癌的風險：硒和維他命 E 癌症預防試驗的結果」[3]

四、2012 膀胱癌報告，篇名是「在 SWOG 協同 SELECT 中評估維他命 E 和硒補充劑預防膀胱癌的效果」[4]

而有關維他命 D，情況幾乎也是一樣，不過因為維他命 D 的問題我在本書中說了很多，就不再贅述。再來，有關大蒜，讀者有沒有注意到該文章裡的「1986 年」？為什麼要引用三十一年前的研究？答案很簡單，因為那個研究已經被後來的研究推翻。這篇新的研究是發表於 2014 年，而它的標題就是「大蒜攝入與結腸直腸癌的風險無關」[5]。

最後是茶，那就更荒唐了。首先，那篇文章裡說「茶中的兒茶素可成為癌症化療藥物赫賽丁的載體」。但是，赫賽丁怎麼

會是「癌症化療藥物」？赫賽丁跟化療藥物八竿子也打不著，它是一種抗體和標靶治療藥物。再來，所謂的「兒茶素可成為赫賽丁的載體」，那是根據一篇發表於 2014 年的研究報告，標題是「包含綠茶兒茶素衍生物和用於癌症治療的蛋白質藥物的自組裝膠束納米複合物」[6]。

從標題裡的「納米複合物」，讀者應該可以看出，它跟「喝綠茶」，是八竿子也打不著。如果看不出，那就讓我說，這個「納米複合物」，是用靜脈注射，打進老鼠身上做實驗。這跟我們人類「喝綠茶」，有關係嗎？就算是有關係，那也是要跟赫賽丁一起用。

請問一個好端端的人會要醫生跟你注射赫賽丁來防癌嗎？醫生不笑你是怕癌怕瘋了，才怪。真的很難理解，為什麼一個所謂的健康資訊網站，竟會刊載一個如此不健康的資訊。

讀者後續提問

2019 年 9 月，讀者 wonglisa 在本篇文章下回應：「林教授，

您好。我是乳癌一期病人，2016 年做了手術後，除了每晚服用諾瓦得士錠（Tamoxifen）一粒外，也吃硒及維他命 D 各一粒已四年了，是癌症科醫生建議我吃的。但最近看一些細胞研究的書及有幸經台南的朋友介紹你的著作後，才發現維他命丸等補充劑對身體有很大影響。現在我不想再吃硒及維他命 D 了。請問教授，若我立即停止可以嗎？我住在北歐，這裡缺乏陽光，不知怎樣才可吸收維他命 D 呢？」

我回覆：「如果您擔心立刻停止會有不良影響，那就考慮漸進式地減量，直到完全停止。很多食品有添加維他命 D（例如牛奶、果汁、穀物片）。這種形式的攝取是比藥丸藥片來得接近自然，比較能讓身體接受。」

讀者回應：「謝謝教授回覆。心中有另一疑問，仍找不到答案。就是坊間抗癌的書籍及網上常說癌症病人不能吃糖，說會養大癌細胞及乳癌患者不能吃奶製品及雞因為有激素，甚至最好吃素的（如李豐醫師著作），請問教授意見如何呢？」我回覆：「這些言論都是基於金錢利益或個人信仰而編撰出來的，毫無

科學根據。」

　　讀者回應：「若我能在四年前看到教授的著作，就不用在恐懼擔憂中度過，也會節省不少金錢！我也與朋友分享及叫他們廣傳您的著作，糾正我們的誤解。因為坊間實在有很多人都利用人性的恐懼去賺取名與利。再次謝謝您的無私奉獻。」我回覆：「是的。我曾考慮用『拒絕活在恐懼中』做為書名。當您看清人生是幸福、世界是美好，很多病就會不藥而癒。」

 林教授的科學養生筆記

・這三十四年來，數十個臨床研究已經證實了，硒補充劑非但不能防癌，反而會增加癌率

・很多食品有添加維他命 D（牛奶、果汁、穀物片）。這種形式的攝取是比藥丸藥片來得接近自然，比較能讓身體接受

附錄：資料來源

掃描QR碼即可點
閱全書論文連結

前言

1　The Vitamin D Paradox，https://academic.oup.com/rheumatology/article/46/12/1749/1790053
2　African Americans, 25-hydroxyvitamin D, and osteoporosis: a paradox，https://www.ncbi.nlm.nih.gov/pubmed/18689399

Part 1
維他命的起源與濫用

1-1 維他命簡史與分類

1　本段參考資料：http://www.fao.org/3/X5738E/x5738e07.htm
2　Casimir Funk，1912 年論文「缺乏性疾病的病因」The etiology of the deficiency diseases，https://pdfs.semanticscholar.org/fd38/43836639dddb3c380cdf50c70069b88d330d.pdf
3　科內拉・甘迺迪（Cornella Kennedy）1916 年論文「產生多發性神經炎的飲食因素」The dietary factors operating in the production of polynuritis，http://www.jbc.org/content/24/4/491.citation
4　傑克・賽西爾・德羅蒙（Jack Cecil Drummond），1920 年論文 The nomenclature of the so-called accessory food factors (vitamins)，https://www.ncbi.nlm.nih.gov/pmc/articles/PMC1258930/

5　Vitamine—vitamin. The early years of discovery，http://clinchem.aaccjnls. org/content/43/4/680；Casimer Funk, nonconformist nomenclature, and networks surrounding the discovery of vitamins，https://www.ncbi.nlm.nih.gov/ pubmed/23719227

1-3 維他命 D，爭議最大的「維他命」

1　2010 年 JAMA 報告指出，高劑量的維他命 D 會增加骨折的風險。https://jamanetwork. com/journals/jama/fullarticle/185854
2　兩篇指出維他命 D 不會減少骨折風險的報告
　　2007 年 12 月：https://www.ncbi.nlm.nih.gov/pubmed/17998225
　　2010 年 7 月：https://www.ncbi.nlm.nih.gov/pubmed/20200964
3　https://www.ncbi.nlm.nih.gov/pmc/articles/PMC1994178/
4　1989 年 5 月報告〈陽光會用光分解來控制皮膚裡維他命 D3 的產生，過多的維他命 D 會被陽光分解〉Sunlight regulates the cutaneous production of vitamin D3 by causing its photodegradation. https://www.ncbi.nlm.nih.gov/pubmed/?term=Webb+AR%2C+De Costa+BR%2C+Holick+MF
5　1993 年論文〈維他命 D 受體在一種自然缺維他命 D 的地下哺乳類，裸鼴鼠：生化定性〉Vitamin D receptors in a naturally vitamin D-deficient subterranean mammal, the naked mole rat (Heterocephalus glaber): biochemical characterization. https://www. ncbi.nlm.nih.gov/pubmed/8224760
6　1995 年論文〈裸鼴鼠維他命 D3 中毒導致過度鈣化及牙齒鈣沉澱及不正常皮膚鈣化　〉Vitamin D3 intoxication in naked mole-rats (Heterocephalus glaber) leads to hypercalcaemia and increased calcium deposition in teeth with evidence of abnormal skin calcification. https://www.ncbi.nlm.nih.gov/pubmed/7657155

1-4 動物攝取維他命 D 的途徑

1　FDA 警　訊，FDA Alerts Pet Owners about Potentially Toxic Levels of Vitamin D in Several Dry Pet Foods，https://www.fda.gov/animal-veterinary/news-events/fda-alerts- pet-owners-about-potentially-toxic-levels-vitamin-d-several-dry-pet-foods
2　https://dogcare.dailypuppy.com/dogs-need-vitamin-d-sunlight-5846.html；https://pets. thenest.com/cats-absorbing-vitamin-d-lying-sun-10489.html
3　Our Pets Need Vitamin D, Too
4　1983 年論文「皮脂分泌與皮脂腺脂類」Sebum Secretion and Sebaceous Lipids，

https://www.sciencedirect.com/science/article/abs/pii/S0733863518310192

5　1991 年論文「剛離乳小狗的膳食維他命 D 需求觀察」Some observations on the dietary vitamin D requirement of weanling pups，https://www.ncbi.nlm.nih.gov/pubmed/1658276

6　2014 年論文「維他命 D 的發現歷史和其活性代謝產物」（History of the discovery of vitamin D and its active metabolites，https://www.ncbi.nlm.nih.gov/pmc/articles/PMC3899558/

7　「人類營養中的維他命」（Vitamins in human nutrition，Chandler 教授的演講系列）。第六章標題「維他命 D，陽光維他命與其他脂溶性維他命」VITAMIN D, THE SUNSHINE VITAMIN, AND OTHER FAT-SOLUBLE VITAMINS，https://scholarship.rice.edu/handle/1911/9097

8　1994 年論文「貓狗的膳食維他命 D 依賴量是因為皮膚合成的維他命 D 不足」Dietary Vitamin D Dependence of Cat and Dog Due to Inadequate Cutaneous Synthesis of Vitamin D，https://www.sciencedirect.com/science/article/pii/S0016648084711543

1-5「維他命 D 正常值」，是一種迷思

1　「維他命 D 補充：少點爭議，需要更多指導」Vitamin D supplementation: less controversy, more guidance needed，https://www.ncbi.nlm.nih.gov/pubmed/27594987

2　「關於維他命 D 參考範圍：維他命 D 測量的預分析和分析變異性」Concerning the vitamin D reference range: pre-analytical and analytical variability of vitamin D measurement，https://www.ncbi.nlm.nih.gov/pubmed/28900363

3　哈佛大學的文章，「維他命 D：何謂『正常』值」Vitamin D: What's the "right" level? https://www.health.harvard.edu/blog/vitamin-d-whats-right-level-2016121910893

4　台灣家庭醫學醫學會「淺談維生素 D 缺乏及不足」，https://www.tafm.org.tw/ehc-tafm/s/w/ebook/people_other/journalContent/1011

1-6 維他命 D 悖論

1　2007 年 11 月《風濕病學》（Rheumatology）編輯評論「維他命 D 悖論」The Vitamin D Paradox，https://academic.oup.com/rheumatology/article/46/12/1749/1790053

2　2008 年 8 月，《美國臨床營養學雜誌》（American Journal of Clinical Nutrition）回顧論文「非洲裔美國人，25- 羥基維他命 D 和骨質疏鬆症：悖論」African Americans, 25-hydroxyvitamin D, and osteoporosis: a paradox，https://www.ncbi.nlm.nih.gov/pubmed/18689399

3 2015 年 9 月論文「非洲裔美國人游離的 25- 羥基維他命 D 和維他命 D 悖論」Free 25(OH)D and the Vitamin D Paradox in African Americans，https://www.ncbi.nlm.nih. gov/pubmed/26161453

4 2018 年 5 月「非洲裔美國人的維他命 D 悖論：基於系統的方法來調查臨床實踐、研 究和公共衛生 —— 專家小組會議報告」The vitamin D paradox in Black Americans: a systems-based approach to investigating clinical practice, research, and public health - expert panel meeting report，https://www.ncbi.nlm.nih.gov/pmc/articles/PMC5954269/

5 2019 年 8 月 27 號，《JAMA：美國醫學會期刊》論文「高劑量維他命 D 補充對體積骨 密度和骨強度的影響」Effect of High-Dose Vitamin D Supplementation on Volumetric Bone Density and Bone Strength，https://www.ncbi.nlm.nih.gov/pubmed/31454046

1-7 維他命 D 萬靈丹之父

1 2019 年 6 月，《JAMA 心臟病學》（JAMA Cardiology）「維他命 D 心血管預防之死」 The Demise of Vitamin D for Cardiovascular Prevention，https://jamanetwork.com/ journals/jamacardiology/article-abstract/2735644

2 2004 年論文「維他命 D：預防癌症、一型糖尿病、心臟病和骨質疏鬆症的重要性」 Vitamin D: importance in the prevention of cancers, type 1 diabetes, heart disease, and osteoporosis，https://www.ncbi.nlm.nih.gov/pubmed/14985208

3 2017 年 M. F. Holick 論文，Evaluation of vitamin D3 intakes up to 15,000 international units/day and serum 25-hydroxyvitamin D concentrations up to 300 nmol/L on calcium metabolism in a community setting，https://www.ncbi.nlm.nih.gov/pmc/articles/ PMC5402701/

4 KHN 報導「將維他命 D 推銷給美國的那個人 —— 並在此過程中獲利」The Man Who Sold America On Vitamin D　 — And Profited In The Process，https://khn.org/news/ how-michael-holick-sold-america-on-vitamin-d-and-profited/

5 2011 年具美國官方地位的「維他命 D 攝取量指南」https://www.ncbi.nlm.nih.gov/pmc/ articles/PMC3046611/；民間內分泌協會發布的指南 https://www.ncbi.nlm.nih.gov/ pubmed/21646368

6 ProPublica，2019 年 7 月 26 號報導「波士頓醫院報告對著名的虐待兒童懷疑論者進行 紀律處分」Boston Hospital Reports Disciplining of Renowned Child Abuse Skeptic， https://www.propublica.org/article/boston-hospital-reports-disciplining-of-renowned- child-abuse-skeptic

7 ProPublica，2018 年 9 月 26 號報導「虐童反向人」The Child-Abuse Contrarian，

https://www.propublica.org/article/michael-holick-ehlers-danlos-syndrome-child-abuse-contrarian

8　2015 年 3 月 13 日,《波士頓環球報》報導,「反對人士強力抨擊波士頓大學醫生為虐童案做辯護」Critics blast BU doctor for child abuse defense, https://www.bostonglobe.com/metro/2015/03/12/boston-university-researcher-draws-fire-for-claiming-some-broken-bones-caused-rare-disease-not-abuse/fnzVvJAu7QC6pOiuNFxcFO/story.html

9　博客來榜單, https://www.books.com.tw/web/annual100_cat/0115?loc=P_0004_016

1-8 如何正確看待維他命 D 補充劑

1　「維他命 D 補充劑與成人癌症預防」(Vitamin D supplementation for prevention of cancer in adults.」; Bjelakovic G, et al. Cochrane Database Syst Rev 2014–Review.

2　關於麥克‧葛雷格的三篇文章,
https://www.healthline.com/nutrition/how-not-to-die-review
https://www.mcgill.ca/oss/article/news/dr-michael-greger-what-do-we-make-him
https://sciencebasedmedicine.org/death-as-a-foodborne-illness-curable-by-veganism/

3　1998 年 9 月論文, Clinically prescribed sunscreen (sun protection factor 15) does not decrease serum vitamin D concentration sufficiently either to induce changes in parathyroid function or in metabolic markers. https://www.ncbi.nlm.nih.gov/pubmed/9767286

4　2018 年 6 月論文〈維他命 D 補充劑對心血管疾病和二型糖尿病標誌的效果：系統分析與個體因素的隨機整合分析〉Effects of vitamin D supplementation on markers for cardiovascular disease and type 2 diabetes: an individual participant data meta-analysis of randomized controlled trials, https://www.ncbi.nlm.nih.gov/pubmed/29868916

5　2018 年 5 月論文〈維他命 D 補充劑對血管功能標誌的效果：系統分析與個體因素的整合分析〉(Effect of Vitamin D Supplementation on Markers of Vascular Function: A Systematic Review and Individual Participant Meta-Analysis, https://www.ncbi.nlm.nih.gov/pubmed/29848497

6　2018 年 7 月論文〈維他命 D 對多發性硬化患者的效果：整合分析〉The efficacy of vitamin D in multiple sclerosis: A meta-analysis, https://www.ncbi.nlm.nih.gov/pubmed/29778041
https://www.ncbi.nlm.nih.gov/pubmed/21646368

7　2018 年 3 月論文〈維他命 D 補充劑對於腰痛有效嗎？系統整合分析〉(Is Vitamin

D Supplementation Effective for Low Back Pain? A Systematic Review and Meta-Analysis，https://www.ncbi.nlm.nih.gov/pubmed/29565945

8　2017 年 11 月哈佛大學的健康資訊網站文章，「服用過多的維他命 D 會使其益處蒙上陰影並產生健康風險」Taking too much vitamin D can cloud its benefits and create health risks，https://www.health.harvard.edu/staying-healthy/taking-too-much-vitamin-d-can-cloud-its-benefits-and-create-health-risks

Part2
維他命 D 抗癌，是思想大躍進

2-1 維他命 D 抗癌迷思（上）

1　2015 年 9 月 21 日 ETtoday 新聞雲「保健食品該不該吃？江守山、顏宗海上演正反論戰」https://health.ettoday.net/news/567826

2　2015 年《美國飲食指南》，https://health.gov/dietaryguidelines/2015/resources/2015-2020_Dietary_Guidelines.pdf

3　衛生署學生健康服務，https://www.studenthealth.gov.hk/tc_chi/resources/resources_bl/files/lf_vitamins.pdf

4　陳令璁醫師文章〈補充維他命製劑是必要的嗎〉http://www.kcma.org.tw/Uploads/File/36-56-59.pdf

5　「世界癌症研究基金會」（World Cancer Research Fund），https://www.wcrf.org/dietandcancer/recommendations/dont-rely-supplements

6　SOLAR Ultraviolet Radiation AND Vitamin D, A Historical Perspective，https://www.ncbi.nlm.nih.gov/pmc/articles/PMC1994178/

7　長庚大學張淑卿，「專業知識、利益與維他命產業」https://v2.scitechvista.nat.gov.tw/c/s2Ur.htm

8　蒂姆．斯佩克特（Tim Spector）醫生的簡介，https://www.kcl.ac.uk/people/professor-tim-spector

9　2016 年 1 月斯佩克特醫生專欄文章「維他命 D 日薄西山：為什麼我對這個廣受稱讚的補充劑改變了想法」The sun goes down on Vitamin D: why I changed my mind about this celebrated supplement，http://theconversation.com/the-sun-goes-down-on-vitamin-d-why-i-changed-my-mind-about-this-celebrated-supplement-52725

2-2 維他命 D 抗癌迷思（下）

1 疼痛專科醫師黃勝仁〈漫談帶狀皰疹與疼痛科〉http://www.pain-manage.org.tw/normal/p07.htm
2 「美國癌症協會」（American Cancer Society）一天一顆維他命可以讓癌症遠離我們嗎？Will a vitamin a day keep cancer away，https://www.cancer.org/treatment/treatments-and-side-effects/complementary-and-alternative-medicine/dietary-supplements.html
3 2017 年 3 月 12 日英國《獨立報》「補充劑中的『有毒』維他命 D 量的健康警告」Health warning over 'toxic' levels of vitamin D sold in supplements，https://www.independent.co.uk/news/uk/home-news/health-warning-over-toxic-levels-of-vitamin-d-sold-in-supplements-a7625331.html
4 維他命 D 中毒的原因及症狀，2011 年發表的臨床案例報告，Vitamin D Toxicity in Adults: A Case Series from an Area with Endemic Hypovitaminosis D，https://www.ncbi.nlm.nih.gov/pmc/articles/PMC3191699/pdf/OMJ-D-10-00153.pdf

2-3 大腸癌與維他命 D 的迷思

1 2016 年 8 月論文〈維他命 D 補充：少點爭議，需要更多指導〉Vitamin D supplementation: less controversy, more guidance needed，https://www.ncbi.nlm.nih.gov/pubmed/27594987
2 2017 年 10 月論文〈關於維他命 D 參考範圍：維生素 D 測量的預分析和分析變異性〉Concerning the vitamin D reference range: pre-analytical and analytical variability of vitamin D measurement，https://www.ncbi.nlm.nih.gov/pmc/articles/PMC5575654/
3 「世界癌症研究基金會」Do not use supplements for cancer prevention，https://www.wcrf.org/dietandcancer/recommendations/dont-rely-supplements
4 2018 年 7 月 25 號《健康遠見》潘懷宗，「研究證實：體內較高濃度維生素 D，大幅降低大腸癌風險」https://health.gvm.com.tw/webonly_content_18681.html
5 《自由時報》2018 年 6 月 15 號，美研究：身體維持較高濃度維生素 D 得大腸癌風險降 31%，https://m.ltn.com.tw/news/world/breakingnews/2458744
6 2018 年 6 月「循環中的維他命 D 和大腸癌風險：17 個隊列組成的國際匯集項目」Circulating Vitamin D and Colorectal Cancer Risk: An International Pooling Project of 17 Cohorts，https://www.ncbi.nlm.nih.gov/pubmed/29912394
7 2018 年 6 月 14 號）美國癌症協會「維他命 D 水平與較低的大腸癌風險關聯」Vitamin

D Levels Linked to Lower Colorectal Cancer Risk，https://www.cancer.org/latest-news/vitamin-d-levels-linked-to-lower-colorectal-cancer-risk.html

2-4 維他命 D 抗癌？科學證據打臉（上）

1 2018 年論文「癌症和維他命 D 補充：系統評價和薈萃分析」（Cancer and vitamin D supplementation: a systematic review and meta-analysis. https://www.ncbi.nlm.nih.gov/pubmed/29635490

2 2018 年論文「轉移性結直腸癌的存活以及維他命 D 補充」（Vitamin D Supplementation and Survival in Metastatic Colorectal Cancer. https://www.ncbi.nlm.nih.gov/pubmed/29533115

3 2017 年 JAMA 論文「維他命 D 和鈣補充對老年婦女癌症發病率的影響：隨機臨床試驗」Effect of Vitamin D and Calcium Supplementation on Cancer Incidence in Older Women: A Randomized Clinical Trial. https://www.ncbi.nlm.nih.gov/pubmed/28350929

4 2017 年論文「在婦女健康方案中停經婦女補充鈣和維他命 D 與肺癌發生率」Calcium plus vitamin D supplementation and lung cancer incidence among postmenopausal women in the Women's Health Initiative. https://www.ncbi.nlm.nih.gov/pubmed/28676217

5 2015 年論文「診斷前補充維他命 D 對女性癌症存活率的影響：英國臨床實踐研究數據鏈中的群體研究」The effect of pre-diagnostic vitamin D supplementation on cancer survival in women: a cohort study within the UK Clinical Practice Research Datalink. https://www.ncbi.nlm.nih.gov/pubmed/26458897

6 2014 年論文「維他命 D 補充預防成人癌症」Vitamin D supplementation for prevention of cancer in adults. https://www.ncbi.nlm.nih.gov/pubmed/24953955

7 2014 年論文「維他命 D 補充劑和癌症發生率和死亡率：薈萃分析」Vitamin D supplements and cancer incidence and mortality: a meta-analysis. https://www.ncbi.nlm.nih.gov/pubmed/24918818

8 2013 年論文「補充維他命 D 和乳癌預防：隨機臨床試驗的系統評價和薈萃分析」Vitamin D supplementation and breast cancer prevention: a systematic review and meta-analysis of randomized clinical trials. https://www.ncbi.nlm.nih.gov/pubmed/23894438

9 2011 年論文「維他命 D 水平的預後作用和補充維他命 D 在癌症患者中的療效：系統評價」Prognostic role of vitamin d status and efficacy of vitamin D supplementation in cancer patients: a systematic review. https://www.ncbi.nlm.nih.gov/pubmed/21835895

10 2011 年論文「補充鈣和維他命 D 以及非黑色素瘤和黑色素瘤皮膚癌的風險：對婦女健康方案隨機對照試驗的事後分析」Calcium plus vitamin D supplementation and the risk of nonmelanoma and melanoma skin cancer: post hoc analyses of the women's health initiative randomized controlled trial. https://www.ncbi.nlm.nih.gov/pubmed/21709199

11 2008 年論文「鈣加維他命 D 補充劑和乳癌的風險」Calcium plus vitamin D supplementation and the risk of breast cancer. https://www.ncbi.nlm.nih.gov/pubmed/19001601

12 2007 年論文「維他命 D 和鈣補充劑降低癌症風險：隨機試驗的結果」Vitamin D and calcium supplementation reduces cancer risk: results of a randomized trial. https://www.ncbi.nlm.nih.gov/pubmed/17556697

13 2006 年論文「鈣加維他命 D 補充劑和結直腸癌的風險」（Calcium plus vitamin D supplementation and the risk of colorectal cancer. https://www.ncbi.nlm.nih.gov/pubmed/16481636

14 2019 年 11 月報告，「每月高劑量維他命 D 補充與癌風險」Monthly High-Dose Vitamin D Supplementation and Cancer Risk，https://www.ncbi.nlm.nih.gov/pubmed/30027269

2-5 維他命 D 抗癌？科學證據打臉（下）

1 Youtube 影片「乳癌病友該一天一（維他命）D 嗎 -6 維他命 D~ 抗乳癌秘密武器」https://youtu.be/W8tTkSaU7F4

2 2015 年的論文「HER2＋非轉移性乳腺癌患者輔助化療期間補充維他命 D 相關的臨床結局有所改善」Improved clinical outcomes associated with vitamin D supplementation during adjuvant chemotherapy in patients with HER2+ nonmetastatic breast cancer，https://www.ncbi.nlm.nih.gov/pubmed/25241299

3 台灣癌症基金會網站「維他命 D 和乳癌預後之相關性」https://www.canceraway.org.tw/page.asp?IDno=702

4 2009 年「25- 羥基維他命 D 水平對早期乳腺癌的預後影響」Prognostic effects of 25-hydroxyvitamin D levels in early breast cancer，https://www.ncbi.nlm.nih.gov/pubmed/19451439

5 2016 年 10 月《婦癌醫學期刊》的論文摘要「維生素 D 與癌症的檢視」http://www.airitilibrary.com/Publication/alDetailedMesh?DocID=P20150521002-201610-201611140012-201611140012-39-43

6 哈佛大學公共衛生學院 Q&A: Crowdfunding Clinical Research，https://www.hsph.harvard.edu/magazine/magazine_article/qa-crowdfunding-clinical-research/

7 2018 年 6 月 15 號《自由時報》「美研究：身體維持較高濃度維生素 D 得大腸癌風險降 31%」https://m.ltn.com.tw/news/world/breakingnews/2458744

8 2018 年 6 月 14 號研究「循環中的維他命 D 和大腸癌風險：由 17 個隊列組成的國際匯集項目」Circulating Vitamin D and Colorectal Cancer Risk: An International Pooling Project of 17 Cohorts，https://www.ncbi.nlm.nih.gov/pubmed/29912394

9 2018 年 6 月 14 號「美國癌症協會」（American Cancer Society），「維他命 D 水平與較低的結直腸癌風險有關」Vitamin D Levels Linked to Lower Colorectal Cancer Risk，https://www.cancer.org/latest-news/vitamin-d-levels-linked-to-lower-colorectal-cancer-risk.html

2-6 2019，維他命 D 實驗大失敗的一年

1 2019 年 4 月，JAMA「補充維他命 D 對消化道腫瘤患者無復發生存的影響」Effect of Vitamin D Supplementation on Relapse-Free Survival Among Patients With Digestive Tract Cancers，https://www.ncbi.nlm.nih.gov/pubmed/30964526

2 2019 年 4 月，JAMA「高劑量或標準劑量維他命 D3 補充對晚期或轉移性結直腸癌患者無進展生存的影響」Effect of High-Dose vs Standard-Dose Vitamin D3 Supplementation on Pro gression-Free Survival Among Patients With Advanced or Metastatic Colorectal Cancer，https://www.ncbi.nlm.nih.gov/pubmed/30964527

3 2019 年 4 月，JAMA「維他命 D 治癌？」Vitamin D as Cancer Therapy? https://jamanetwork.com/journals/jama/article-abstract/2730095

4 2019 年 11 月，Mcgill University「維他命 D 不好的一年」It Hasn't Been a Good Year for Vitamin D，https://www.mcgill.ca/oss/article/health/it-hasnt-been-good-year-vitamin-d

Part3
維他命 D 與其他疾病的關係

3-1 維他命 D 護骨，實證無效

1 2017 年 12 月 26 號 JAMA 報告「社區居住長者鈣或維他命 D 補充與骨折發生率的關係：

系統性回顧和統籌分析」Association Between Calcium or Vitamin D Supplementation and Fracture Incidence in Community-Dwelling Older Adults: A Systematic Review and Meta-analysis，https://www.ncbi.nlm.nih.gov/pubmed/29279934

2 2018 年 10 月《柳葉刀》（Lancet）論文「維他命 D 補充對肌肉骨骼健康的影響：系統評價、薈萃分析和試驗序貫分析」Effects of vitamin D supplementation on musculoskeletal health: a systematic review, meta-analysis, and trial sequential analysis，https://www.thelancet.com/journals/landia/article/PIIS2213-8587(18)30265-1/fulltext

3 JAMA 2019 年 8 月 27 日「高劑量維他命 D 補充對體積骨密度和骨強度的影響」Effect of High-Dose Vitamin D Supplementation on Volumetric Bone Density and Bone Strength，https://jamanetwork.com/journals/jama/fullarticle/2748796

4 哈佛大學網站「過多維他命 D 可能會危害骨頭，而不是幫助」Too much vitamin D may harm bones, not help，https://www.health.harvard.edu/staying-healthy/too-much-vitamin-d-may-harm-bones-not-help

3-2 防止骨質疏鬆最有效的方法

1 10 月 15 號 TVBS 新聞「白吃！？知名醫學期刊：維他命 D 無用」，https://www.youtube.com/watch?v=wFeyh5oK1ns

2 哈佛大學文章「維他命的最佳來源？你的盤子，不是你的藥櫃」（Best source of vitamins? Your plate, not your medicine cabinet，https://www.health.harvard.edu/staying-healthy/best-source-of-vitamins-your-plate-not-your-medicine-cabinet

3 醫療主管警告，綜合維他命只會創造「非常昂貴」的尿液（Multiple Vitamins Just Create 'Very Expensive' Urine, Medical Chief Warns，https://www.independent.co.uk/life-style/health-and-families/health-news/multivitamins-expensive-urine-waste-of-money-vitamins-australian-medical-association-chief-michael-a7578961.html

4 2012 年綜述論文「機械負荷及其對骨細胞的影響：骨細胞骨架在維持骨骼中的作用」Mechanical loading and how it affects bone cells: the role of the osteocyte cytoskeleton in maintaining our skeleton，https://www.ecmjournal.org/papers/vol024/pdf/v024a20.pdf

5 2019 年 12 月 4 號論文「有氧運動或阻力運動對肥胖年長者節食時骨質密度和骨代謝的影響：隨機對照試驗」Effect of Aerobic or Resistance Exercise, or Both, on Bone Mineral Density and Bone Metabolism in Obese Older Adults While Dieting: A Randomized Controlled Trial，https://www.ncbi.nlm.nih.gov/pubmed/31797417

6　2019 年 8 月論文「運動對停經後婦女骨質密度和含量的劑量效應」Dose-response effects of exercise on bone mineral density and content in post-menopausal women，https://www.ncbi.nlm.nih.gov/pubmed/31034640

7　2017 年 8 月台北醫學大學的論文「肌少症肥胖女性進行性彈性帶阻力運動對身體組成的影響：隨機對照試驗」Body composition influenced by progressive elastic band resistance exercise of sarcopenic obesity elderly women: a pilot randomized controlled trial，https://www.ncbi.nlm.nih.gov/pubmed/28084062

8　「美國國家老人健康研究院」專頁討論骨質疏鬆症，https://www.nia.nih.gov/health/osteoporosis

3-3 維他命 D 修復肌肉的「代價」與名醫言論

1　銳速運動醫學（RACE ON）「跑步醫師專欄，失落的黃金——維生素 D」https://www.raceon.com.tw/blogs/news/38761

2　2018 年論文「維他命 D 和運動員：當前觀點和新挑戰」Vitamin D and the Athlete: Current Perspectives and New Challenges，https://www.ncbi.nlm.nih.gov/pubmed/29368183

3　2018 年 11 月 20 號「給美國人的運動指南」The Physical Activity Guidelines for Americans，https://jamanetwork.com/journals/jama/article-abstract/2712935

4　2019 年 1 月，美國癌症協會，Facts & Figures 2019: US Cancer Death Rate has Dropped 27% in 25 Years，https://www.cancer.org/latest-news/facts-and-figures-2019.html

3-4 心血管疾病與維他命 D 的關係

1　2019 年 6 月，《JAMA 心臟學》「21 項隨機臨床試驗中超過 83,000 名個體的維他命 D 補充和心血管疾病風險」Vitamin D Supplementation and Cardiovascular Disease Risks in More Than 83 000 Individuals in 21 Randomized Clinical Trials，https://jamanetwork.com/journals/jamacardiology/article-abstract/2735646

2　2019 年 6 月，《JAMA 心臟學》「維他命 D 心血管預防之死」The Demise of Vitamin D for Cardiovascular Prevention，https://jamanetwork.com/journals/jamacardiology/article-abstract/2735644

3　2019 年 11 月 13 號 JAMA 評論「陽光的有益作用也許可以解釋血清維他命 D 水平與心血管健康之間的關係」Beneficial Effects of Sunlight May Account for the Correlation Between Serum Vitamin D Levels and Cardiovascular Health，https://jamanetwork.

com/journals/jamacardiology/fullarticle/2754758

4　美國心臟協會「維他命補充劑：炒作或幫助健康飲食」Vitamin Supplements: Hype or Help for Healthy Eating，https://www.heart.org/en/healthy-living/healthy-eating/eat-smart/nutrition-basics/vitamin-supplements-hype-or-help-for-healthy-eating

3-5 糖尿病、腎臟病跟維他命 D 的關係

1　美國糖尿病協會「糖尿病和膳食補充劑」Diabetes and Dietary Supplements，https://www.diabetes.org/food-and-fitness/food/what-can-i-eat/making-healthy-food-choices/diabetes-and-dietary-supplements.html

2　美國國立衛生研究院（NIH）Diabetes and Dietary Supplements，https://nccih.nih.gov/health/diabetes/supplements#hed3

3　2019 年 6 月 7 號，美國糖尿病協會「維他命 D 補充劑不會顯著降低患二型糖尿病的風險」，Vitamin D Supplements Do Not Significantly Reduce Risk of Developing Type 2 Diabetes, According to Research Presented Today at the ADA's Scientific Sessions

4　2019 年 11 月 8 號 JAMA 臨床試驗「補充維他命 D 和 Omega-3 脂肪酸對二型糖尿病患者腎臟功能的影響：隨機臨床試驗」Effect of Vitamin D and Omega-3 Fatty Acid Supplementation on Kidney Function in Patients With Type 2 Diabetes：A Randomized Clinical Trial，https://jamanetwork.com/journals/jama/article-abstract/2755300

5　2019 年 11 月 8 號 JAMA 編輯評論「維他命 D 與健康結果：然後來了隨機臨床試驗」Vitamin D and Health Outcomes：Then Came the Randomized Clinical Trials，https://jamanetwork.com/journals/jama/fullarticle/2755297

6　2019 年 6 月《新英格蘭醫學期刊》大型臨床研究「維他命 D 補充和二型糖尿病之預防」Vitamin D Supplementation and Prevention of Type 2 Diabetes，https://www.ncbi.nlm.nih.gov/pubmed/31173679

3-6 呼吸道感染，維他命 D 有幫助？

1　「黃瑽寧：維生素 D 拯救反覆的中耳炎和鼻竇炎？」https://m.parenting.com.tw/article/5072159-

2　兩篇中耳炎的治療指南，Otitis Media: Diagnosis and Treatment，https://www.aafp.org/afp/2013/1001/p435.pdf；Clinical Practice Guideline: Otitis Media with Effusion (Update) https://www.ncbi.nlm.nih.gov/pubmed/26832942

3　萊納斯・鮑林研究所（Linus Pauling Institute）網站維他命 C 網頁，https://lpi.oregonstate.edu/mic/vitamins/vitamin-C

4 2013 年論文，維他命 C 用於預防和治療普通感冒，Vitamin C for preventing and treating the common cold，https://www.cochrane.org/CD000980/ARI_vitamin-c-for-preventing-and-treating-the-common-cold

5 2017 年論文，透過草藥、輔助療法和自然療法預防和治療流感、流感樣疾病和普通感冒，Prevention and Treatment of Influenza, Influenza-Like Illness, and Common Cold by Herbal, Complementary, and Natural Therapies，https://www.ncbi.nlm.nih.gov/pubmed/27055821

6 2016 年論文，L-ascorbic acid can abrogate svct-2-dependent cetuximab resistance mediated by mutant kras in human colon cancer cells. https://www.ncbi.nlm.nih.gov/pubmed/27012422

7 2014 年 論 文，High-dose parenteral ascorbate enhanced chemosensitivity of ovarian cancer and reduced toxicity of chemotherapy. https://www.ncbi.nlm.nih.gov/pubmed/24500406

8 2012 年 論 文，High-dose intravenous vitamin C improves quality of life in cancer patients. https://www.researchgate.net/publication/257738967_High-dose_intravenous_vitamin_C_improves_quality_of_life_in_cancer_patients

9 2014 年 論 文，The effect of intravenous vitamin C on cancer-and chemotherapy-related fatigue and quality of life. https://www.ncbi.nlm.nih.gov/pubmed/25360419

10 2018 年 論 文，Intravenous vitamin C in the supportive care of cancer patients: A review and rational approach. https://www.ncbi.nlm.nih.gov/pubmed/29719430

11 2011 年論文，Intravenous vitamin C administration improves quality of life in breast cancer patients during chemo-/radiotherapy and aftercare: Results of a retrospective, multicentre, epidemiological cohort study in germany. https://www.ncbi.nlm.nih.gov/pubmed/22021693

12 2010 年論文，Low ascorbate levels are associated with increased hypoxia-inducible factor-1 activity and an aggressive tumor phenotype in endometrial cancer. https://www.ncbi.nlm.nih.gov/pubmed/20570889

13 2010 年 論 文，Pharmacological ascorbic acid suppresses syngeneic tumor growth and metastases in hormone-refractory prostate cancer. https://www.ncbi.nlm.nih.gov/pubmed/20554995

14 2011 年 論 文，Intravenous ascorbic acid to prevent and treat cancer-associated sepsis? https://www.ncbi.nlm.nih.gov/pmc/articles/PMC3061919/

15 2018 年 論 文，Treatment of pancreatic cancer with intravenous vitamin C: A case report. Anti-Cancer Drugs. https://www.ncbi.nlm.nih.gov/pubmed/29438178

16 2013 年 論 文，Pharmacological ascorbate with gemcitabine for the control of metastatic and node-positive pancreatic cancer (pacman): Results from a phase i clinical trial. https://www.ncbi.nlm.nih.gov/pubmed/23381814

17 2015 年論文，High-dose intravenous vitamin C combined with cytotoxic chemotherapy in patients with advanced cancer: A phase i-ii clinical trial. https://www.ncbi.nlm.nih.gov/pubmed/25848948

18 2012 年 論 文，Effect of high-dose intravenous vitamin C on inflammation in cancer patients. https://www.ncbi.nlm.nih.gov/pubmed/22963460

19 2009 年 論 文，A pilot clinical study of continuous intravenous ascorbate in terminal cancer patients. https://www.ncbi.nlm.nih.gov/pubmed/16570523

20 萊納斯‧鮑林機構（Linus Pauling Institute）網站 https://lpi.oregonstate.edu/mic/vitamins/vitamin-C

3-7 自體免疫疾病，維他命 D 有效嗎？

1 2015 年論文「維他命 D：自體免疫疾病的萬靈丹？」Vitamin D: a panacea for autoimmune diseases? https://www.nrcresearchpress.com/doi/abs/10.1139/cjpp-2014-0308#.XXhjTZMzZQJ

2 2014 年論文「維他命 D 狀態與疾病：系統性回顧」、Vitamin D status and ill health: a systematic review https://www.thelancet.com/journals/landia/article/PIIS2213-8587(13)70165-7/fulltext；「維他命 D 與多項健康結果：對觀察性研究和隨機試驗的系統評價和薈萃分析的總體評價」Vitamin D and multiple health outcomes: umbrella review of systematic reviews and meta-analyses of observational studies and randomised trials，https://www.bmj.com/content/348/bmj.g2035

3 2016 年大型的綜述論文「維他命 D 與自體免疫性」Vitamin D and autoimmunity，https://www.ncbi.nlm.nih.gov/pubmed/27191042

4 2017 年綜述論文「維他命 D 在自體免疫的角色：分子機制與治療潛力」Vitamin D in Autoimmunity: Molecular Mechanisms and Therapeutic Potential，https://www.ncbi.nlm.nih.gov/pubmed/28163705

5 2009 年「自體免疫疾病研究所」（Autoimmunity Research Foundation）新聞稿「維他命 D 可能加劇自體免疫疾病」Vitamin D may exacerbate autoimmune disease，https://www.eurekalert.org/pub_releases/2009-04/arf-vdm040809.php

6 「維他命 D：另類的假說」Vitamin D: the alternative hypothesis，https://www.ncbi.nlm.nih.gov/pubmed/19393200

7   2015 年論文「感染、自體免疫與維他命 D」（Infection, Autoimmunity, and Vitamin D，
     https://www.sciencedirect.com/science/article/pii/B9780444632692000076）

Part 4
更多維他命補充劑真相

4-1 健康補充劑的危害，遠超你的想像

1   2018 年 10 月 JAMA「鑑於它們的潛在危害，現在應該關注補充劑的安全性了」Given
     Their Potential for Harm, It's Time to Focus on the Safety of Supplements，https://
     jamanetwork.com/journals/jama/fullarticle/2705173
2   2016 年 10 月 JAMA「補充劑悖逆現象：微不足道的益處，強大勁爆的消費」The
     Supplement Paradox, Negligible Benefits, Robust Consumption，https://jamanetwork.
     com/journals/jama/article-abstract/2565733
3   2016 年 11 月 JAMA 調查報告「2013—2014 年期間，在美國因為不良藥物事件而需
     要看急診的案例」（US Emergency Department Visits for Outpatient Adverse Drug
     Events, 2013-2014，https://jamanetwork.com/journals/jama/article-abstract/2585977
4   「美國疾病控制中心」調查，https://www.nejm.org/doi/full/10.1056/
     NEJMsa1504267#t=article
5   2018 年 10 月 JAMA 分析報告「與美國食品和藥物管理局警告相關的膳食補充劑
     所含未核准藥物成分」Unapproved Pharmaceutical Ingredients Included in Dietary
     Supplements Associated With US Food and Drug Administration Warnings，https://
     www.ncbi.nlm.nih.gov/pubmed/30646238

4-2 維他命和礦物質補充劑，無益有害

1   2019 年 4 月《內科學年鑑》（Annals of Internal Medicine）大型分析報告，「美國成
     年人膳食補充劑使用，營養素攝入量和死亡率之間的關聯：隊列研究」Association
     Among Dietary Supplement Use, Nutrient Intake, and Mortality Among U.S. Adults: A
     Cohort Study，https://www.ncbi.nlm.nih.gov/pubmed/?term=10.7326%2FM18-2478
2   2019 年 8 月 25 號《三立新聞》天天吞保健食品？國人年花千億購買 最新研究：僅兩

種有效，https://www.setn.com/News.aspx?NewsID=591890

3　FDA 局長聲明「美國食品和藥物管理局局長 Scott Gottlieb，MD 關於該機構通過現代化和改革 FDA 監督來加強膳食補充劑監管的新舉措的聲明」，https://www.fda.gov/news-events/press-announcements/statement-fda-commissioner-scott-gottlieb-md-agencys-new-efforts-strengthen-regulation-dietary

4-3 安慰劑效應與世界最貴的尿

1　Youtube 影片「美國人有世界上最貴的尿」Americans Have the 'Most Expensive Urine' in the World，https://www.youtube.com/watch?v=gdrbg5BPXow

2　2013 年 12 月《內科學年鑑》論文「用於初級預防心血管疾病和癌症的維他命和礦物質補充劑：美國預防服務工作隊的最新系統證據審查」Vitamin and Mineral Supplements in the Primary Prevention of Cardiovascular Disease and Cancer: An Updated Systematic Evidence Review for the U.S. Preventive Services Task Force，https://www.ncbi.nlm.nih.gov/pubmed/24217421

3　2013 年 12 月《內科學年鑑》論文「長期補充綜合維他命和男性的認知功能：隨機試驗」Long-Term Multivitamin Supplementation and Cognitive Function in Men: A Randomized Trial，https://www.ncbi.nlm.nih.gov/pubmed/24490265

4　2013 年 12 月《內科學年鑑》論文「心肌梗塞後口服高劑量綜合維他命和礦物質：隨機試驗」（Oral High-Dose Multivitamins and Minerals After Myocardial Infarction: A Randomized Trial，https://www.ncbi.nlm.nih.gov/pubmed/24490264

5　2013 年 12 月《內科學年鑑》論文「已經受夠了：不要再浪費錢買維他命和礦物質補充劑」Enough Is Enough: Stop Wasting Money on Vitamin and Mineral Supplements，https://annals.org/aim/fullarticle/1789253

6　2013 年 12 月 19 號大衛・果斯基（David Gorski）「補充劑：將你的錢變成昂貴的尿液沖進馬桶」Supplements: Flushing your money down the toilet in expensive urine，https://scienceblogs.com/insolence/2013/12/19/supplements-flushing-your-money-down-the-toilet-in-expensive-urine

7　英國《獨立報》「綜合維他命只是創造『非常昂貴的尿液』，醫療首長警告」MULTIVITAMINS JUST CREATE 'VERY EXPENSIVE URINE', MEDICAL CHIEF WARNS，https://www.independent.co.uk/life-style/health-and-families/health-news/multivitamins-expensive-urine-waste-of-money-vitamins-australian-medical-association-chief-michael-a7578961.html

4-4 維他命 B，預防疾病有效？（上）

1 2014 年 12 月《神經學》（Neurology）大型的臨床研究 Results of 2-year vitamin B treatment on cognitive performance: secondary data from an RCT. https://www.ncbi.nlm.nih.gov/pubmed/25391305

2 2017 年 8 月《臨床腫瘤學》（Journal of Clinical Oncology）大型調查報告「長期補充一碳代謝維他命 B 與維他命和生活形態（VITAL）群組中肺癌風險的關係」Long-Term, Supplemental, One-Carbon Metabolism-Related Vitamin B Use in Relation to Lung Cancer Risk in the Vitamins and Lifestyle (VITAL) Cohort，https://www.ncbi.nlm.nih.gov/pubmed/28829668

3 2005 年的調查報告，Prevalence of thiamin and riboflavin deficiency among the elderly in Taiwan，http://ntur.lib.ntu.edu.tw/bitstream/246246/162572/1/25.pdf

4 美國醫學圖書館資料，https://medlineplus.gov/druginfo/natural/957.html

4-5 維他命 B，預防疾病有效？（下）

1 「美國預防服務工作組」2017 年分析報告，Folic Acid Supplementation for the Prevention of Neural Tube Defects，https://jamanetwork.com/journals/jama/fullarticle/2596300

2 2018 年回顧性論文 https://publichealthreviews.biomedcentral.com/articles/10.1186/s40985-018-0079-6

3 2009 年臨床試驗計劃「兒童妥瑞症的新治療法，維他命 B6 與鎂的安全與有效性雙盲隨機 IV 階段研究」New therapeutic approach to Tourette Syndrome in children based on a randomized placebo-controlled double-blind phase IV study of the effectiveness and safety of magnesium and vitamin B6

4 NIH 妥瑞症資料，https://www.ninds.nih.gov/Disorders/Patient-Caregiver-Education/Fact-Sheets/Tourette-Syndrome-Fact-Sheet

5 梅友診所妥瑞症資料，https://www.mayoclinic.org/diseases-conditions/tourette-syndrome/diagnosis-treatment/drc-20350470

6 WebMD 妥瑞症資料，https://www.webmd.com/brain/tourettes-syndrome#3

7 https://ods.od.nih.gov/factsheets/VitaminB6-HealthProfessional/

8 2018 年 1 月論文「妥瑞症藥物管理的現狀與新進展」Current Approaches and New Developments in the Pharmacological Management of Tourette Syndrome，https://www.ncbi.nlm.nih.gov/pubmed/29335879

4-7 素食者該如何攝取維他命 B12

1　Youtube 影片「清涼音文化，孫安迪老師：免疫力與排毒力」，https://www.youtube.com/watch?v=W4fgjvleTU8

2　日本團隊 1999 年研究論文，Bioavailability of dried asakusanori (porphyra tenera) as a source of Cobalamin (Vitamin B12，https://www.ncbi.nlm.nih.gov/pubmed/10642899

3　日本團隊 1999 年研究論文，Pseudovitamin B(12) is the predominant cobamide of an algal health food, spirulina tablets，https://www.ncbi.nlm.nih.gov/pubmed/10552882

4　日本團隊 2014 年回顧性的綜述論文，Vitamin B12-Containing Plant Food Sources for Vegetarians，https://www.ncbi.nlm.nih.gov/pmc/articles/PMC4042564/

5　2019 年 5 月研究，發現過度攝取 B12 會增加骨折的風險，Association of High Intakes of Vitamins B6 and B12 From Food and Supplements With Risk of Hip Fracture Among Postmenopausal Women in the Nurses' Health Study，https://www.ncbi.nlm.nih.gov/pubmed/31074816

6　五篇攝取 B12 的參考文章
https://ods.od.nih.gov/factsheets/VitaminB12-HealthProfessional/
https://vegetariannutrition.net/docs/B12-Vegetarian-Nutrition.pdf
https://www.vrg.org/nutrition/b12.php
https://www.betterhealth.vic.gov.au/health/healthyliving/vegetarian-and-vegan-eating?viewAsPdf=true
https://www.b12-vitamin.com/foods/

7　2020 年 1 月 15 號 JAMA，荷蘭一般人群中維他命 B12 的血漿濃度與全因死亡率的關係，Association of Plasma Concentration of Vitamin B12 With All-Cause Mortality in the General Population in the Netherlands，https://www.ncbi.nlm.nih.gov/pubmed/31940038

8　2019 年 5 月號 JAMA，在護士健康研究中，停經後婦女的食物和補品中維他命 B6 和 B12 的高攝入與髖部骨折的風險相關，Association of High Intakes of Vitamins B6 and B12 From Food and Supplements With Risk of Hip Fracture Among Postmenopausal Women in the Nurses' Health Study，https://www.ncbi.nlm.nih.gov/pubmed/31074816

9　2018 年 9 月《老年醫學雜誌》，「所有參與者的總同型半胱氨酸水平升高和女性血漿維他命 B12 的濃度與非常老的全因和心血管死亡率有關：Newcastle 85+ 研究」Elevated Total Homocysteine in All Participants and Plasma Vitamin B12 Concentrations in Women Are Associated With All-Cause and Cardiovascular Mortality in the Very Old:

The Newcastle 85+ Study，https://www.ncbi.nlm.nih.gov/pubmed/29529168

10　2017 年論文，有營養風險的成年患者血漿維他命 B12 濃度升高是住院死亡率的獨立預測因子，Elevated Plasma Vitamin B12 Concentrations Are Independent Predictors of In-Hospital Mortality in Adult Patients at Nutritional Risk，https://www.mdpi.com/2072-6643/9/1/1

11　2016 年論文，血液透析患者血清維他命 B12 和葉酸與死亡率的關係，Association of serum vitamin B12 and folate with mortality in incident hemodialysis patients，https://academic.oup.com/ndt/article/32/6/1024/3059418

4-8 保健食品大哉問（上）

1　Teaching neurons to respond to placebos，https://www.ncbi.nlm.nih.gov/pmc/articles/PMC5043026/

2　「美國毒物控制中心」2017 年的報告，https://piper.filecamp.com/uniq/cwK5Ko3PLwXzfBkk.pdf

4-9 保健食品大哉問（下）

1　2016 年 JAMA 報告「美國老年人處方藥、非處方藥與膳食補充劑的改變，2005 與 2011 年」Changes in Prescription and Over-the-Counter Medication and Dietary Supplement Use Among Older Adults in the United States, 2005 vs 2011，https://jamanetwork.com/journals/jamainternalmedicine/fullarticle/2500064

2　2019 年 3 月 JAMA「醫學院的營養學課程，住院醫師和實習醫師」Nutrition Education in Medical School, Residency Training, and Practice，https://jamanetwork.com/journals/jama/article-abstract/2729245

3　Nutrascience Labs，Manufacturing Dietary Supplements with Millennial Health Trends in Mind，https://www.nutrasciencelabs.com/blog/millennials-dietary-supplements-what-you-need-to-know

4-10 破解「抗癌四大營養密碼」

1　2017 大腸癌報告「參與 SELECT 隨機試驗用硒和維他命 E 來預防攝護腺癌的人的結直腸腺瘤」（Colorectal Adenomas in Participants of the SELECT Randomized Trial of Selenium and Vitamin E for Prostate Cancer Prevention. https://www.ncbi.nlm.nih.gov/pubmed/27777235）

2　2016 大腸癌報告「用硒補充劑來預防結直腸腺瘤和伴發 2 型糖尿病的風險」Selenium Supplementation for Prevention of Colorectal Adenomas and Risk of Associated Type 2 Diabetes. https://www.ncbi.nlm.nih.gov/pubmed/27530657

3　2014 攝護腺癌報告「血漿維他命 D 和攝護腺癌的風險：硒和維他命 E 癌症預防試驗的結果」Plasma Vitamin D and Prostate Cancer Risk: Results from the Selenium and Vitamin E Cancer Prevention Trial，https://cebp.aacrjournals.org/content/cebp/23/8/1494.full.pdf

4　2012 膀胱癌報告，篇名是「在 SWOG 協同 SELECT 中評估維他命 E 和硒補充劑預防膀胱癌的效果」（Evaluation of Vitamin E and Selenium Supplementation for the Prevention of Bladder Cancer in SWOG Coordinated SELECT，https://www.ncbi.nlm.nih.gov/pmc/articles/PMC4294531/pdf/nihms551263.pdf

5　2014 年報告「大蒜攝入與結腸直腸癌的風險無關」No association between garlic intake and risk of colorectal cancer，https://www.ncbi.nlm.nih.gov/pmc/articles/PMC3577962/

6　2014 年 Naturenature Nanotechnology 報告「包含綠茶兒茶素衍生物和用於癌症治療的蛋白質藥物的自組裝膠束納米複合物」Self-assembled micellar nanocomplexes comprising green tea catechin derivatives and protein drugs for cancer therapy，https://www.nature.com/articles/nnano.2014.208

一心文化　science 005

餐桌上的偽科學系列：維他命 D 真相

作者　　　林慶順（Ching-Shwun Lin, Phd）
編輯　　　蘇芳毓
排版　　　polly530411@gmail.com
美術設計　CHUNYANGKO（ gooddesigntw@gmail.com ）
出版　　　一心文化有限公司
電話　　　02-27657131
地址　　　11068 臺北市信義區永吉路 302 號 4 樓
郵件　　　fangyu@soloheart.com.tw
初版一刷　2020 年 3 月

總 經 銷　大和書報圖書股份有限公司
電話　　　02-89902588
定價　　　399 元

國家圖書館出版品預行編目（CIP）

餐桌上的偽科學系列：維他命 D 真相 /
林慶順著 . -- 初版 . -- 台北市：一心文化出版：大和發行 , 2020.3
　面；　公分 . -- (一心文化)

ISBN 978-986-98338-1-3(平裝)

1. 維生素　2. 家庭醫學　3. 保健常識

399.6　　　109001481